高等院校电工电子技术系列教材

教育部高等学校电工电子基础课程教学指导委员会推荐教材

普通高等院校"十三五"规划教材

现代数字电子技术基础实践

陈龙 牛小燕 马学条 杨柳 编著

张亚君 主审

机械工业出版社
China Machine Press

图书在版编目（CIP）数据

现代数字电子技术基础实践／陈龙等编著 . —北京：机械工业出版社，2017.6（2022.5 重印）
（高等院校电工电子技术系列教材）

ISBN 978-7-111-57418-7

I. 现…　II. 陈…　III. 数字电路－电子技术－高等学校－教材　IV. TN79

中国版本图书馆 CIP 数据核字（2017）第 153908 号

本书是根据国家教育部高等学校电子信息与电气学科教学指导委员会电子电气基础课程教学指导分委员会提出的"数字电子技术基础"课程教学基本要求而编写的。

全书共分为 6 章：第 1 章为实验基本知识；第 2 章为数字电路与逻辑设计基本实验；第 3 章为电路仿真设计软件 Multisim 在数字电路实验中的应用；第 4 章为组合电路的自动化设计；第 5 章为时序电路的自动化设计；第 6 章为数字系统综合设计实验。附录部分汇编了常用仪器使用说明、常用数字集成电路的引脚排列和逻辑符号、常用文字符号说明以及便携式开发板资料等内容。本教材既有助于巩固学生对理论知识的理解，又着重培养学生的动手能力、设计能力和实践创新能力。

本书可作为高等院校电子、电气、自动化、机电一体化等相关专业的实践指导教程，也可作为相关专业工程技术人员的学习与参考用书。

出版发行：机械工业出版社（北京市西城区百万庄大街 22 号　邮政编码：100037）

责任编辑：张梦玲　　　　　　　　　　　　责任校对：李秋荣

印　　刷：北京建宏印刷有限公司　　　　版　　次：2022 年 5 月第 1 版第 5 次印刷

开　　本：185mm×260mm　1/16　　　　印　　张：16

书　　号：ISBN 978-7-111-57418-7　　　　定　　价：45.00 元

出版说明

随着科学技术迅猛发展，电子计算机和大规模集成电路广泛应用影响着相关行业的发展，信息化正在改造传统行业。工科院校的学生除了要熟练掌握本专业的知识外，还应具有跨学科合作及综合解决实际问题的能力，具有集成最新技术和全面驾驭现代企业的能力。电子信息技术的发展对国民经济、国防等各个领域产生着日益深入的影响，当前高等教育所呈现出的基础化和综合化的发展趋势，工程教育认证对电类和非电类专业学生提出了要求：学生掌握电学的基本理论、知识技能，为后续各门专业基础课和专业课打下基础。

为贯彻落实教育部关于"十二五"普通高等教育本科教材建设的若干意见（教高〔2011〕5号），全面提升本科教材质量，充分发挥教材在提高人才培养质量中的基础性作用，机械工业出版社华章分社与教育部高等学校电工电子基础课教学指导委员会一起建设"高等院校电工电子技术规划教材"，从高校的教学改革出发，满足电类和非电类学生对电类理论知识和应用的需求，在对电类和非电类工程基础课程体系和教学内容深入研讨的基础上，建设具有先进性、创新性、权威性的精品教材和教学资源体系，使这套教材成为"立足专业规范，面向新需求，成就高质量"的精品。该系列规划教材的指导思想和编写特色如下：

- 电子信息技术的发展对国民经济、国防等各个领域产生着日益深入的影响，当前高等教育所呈现出的基础化和综合化的发展趋势。从高校的教学改革出发，满足学生对电类理论知识和应用的需求，注重培养学生工程素质，注重知识的实用性和先进性的编写原则；反映国内最先进的教学成果；要求基础理论与工程实例、实践教学紧密结合。

- 本着体现现代电子科学技术的发展，依据不同专业的教学与就业需求、学时需求及实践环节的需求，既体现电类技术基础课程的特点，注重概念原理的物理实现，又与学科的最新发展动向和先进应用技术结合，力求适于教师教学、便于学生学习，体现现代化教学手段。

为做好该系列规划教材的编写出版工作，在教育部高等学校电工电子基础课教指委指导下，成立了"高等院校电工电子技术规划教材编审委员会"，力图从根本上保证教材的质量。我们将在今后的出版工作中广泛征询和听取一线教师的反馈意见和建议，逐步改进和完善该系列规划教材，积极推动高等院校教学改革和教材建设。

机械工业出版社华章分社

高等院校电工电子技术规划教材
编审委员会

前　言

　　为了适应教育事业的发展及国家人才培养的需要，杭州电子科技大学国家级电工电子实验教学示范中心的全体教师在不断提升教学理念的同时，进行了卓有成效的教学改革。本书根据杭州电子科技大学的教学大纲与实践课程设置情况，结合编者多年的教学与科研经验，并参考诸多相关优秀教材编写而成。

　　本书内容十分丰富，由浅入深，逐步加大实验难度和复杂性。既有验证性实验，又有设计性和应用性综合实验；既有基础实验，又有提高实验；既有硬件电路实验，又有软件仿真实验。本教程共分 6 章，具体安排如下：

　　第 1 章介绍数字集成电路的发展史、命名规则及使用规则，给出了数字电路中的常见故障及其分析方法，说明了要完成本书中实验的基本要求。

　　第 2 章是本书的核心内容，包括 11 个基本实验，每个基本实验又分基础实验部分和提高实验部分。基础实验部分给出了具体的实验方法及实验电路，侧重于使学生掌握课程基本知识、基本实验技能。提高实验部分则要求学生根据提示自己拟定实验方案并设计实验电路，着重培养学生对中规模及大规模数字集成电路的设计能力。

　　第 3 章介绍电路仿真设计软件 Multisim 的基本使用方法，详细阐述了如何使用该仿真软件进行组合电路和时序电路设计。

　　第 4 章基于现代数字电子技术，介绍了组合电路的自动化设计、仿真及实现方法。本章包括数字系统自动化设计软件 Quartus Ⅱ 的使用、组合宏模块的仿真及测试、组合电路的自动化设计、组合电路的硬件测试等实验。介绍了基于广义译码器模型设计一般组合逻辑电路的通用表述方法，从而给出了能彻底、简洁而高效地解决任何类型组合电路的分析和设计方法。

　　第 5 章基于现代数字电子技术，介绍了时序电路的自动化设计、仿真及实现方法。本章包括基于 74 宏模块的计数器设计、基于一般模型的计数器设计、基于 LPM

的时序电路设计、按键消抖电路设计、存储器应用电路设计等实验。介绍了数字计数器的通用模型，给出了任意类型计数器设计的一般方法，为深入学习现代数字电子技术奠定良好的基础。

第6章也是本书的核心内容。在完成基本的数字电子技术学习和入门后，必须迅速地学会应用基于现代数字电子设计技术的基本方法和基本理念，在学习与实践中培养学生对数字系统设计的自主创新能力。本章通过介绍多个综合性数字系统的设计思路和设计方法，给出一些对应的实验要求，让读者自己去摸索掌握数字系统设计技术及其创新的途径。本章以数字电路手工设计技术的介绍作为跨上进一步学习的台阶，以自动化设计技术的学习为能力培养手段，注重现代数字技术基本知识、理论和方法的介绍，注重工程能力、分析能力和实践能力的培养，构建一个从介绍基础知识向创新能力培养逐级递进的学习和实践的阶梯。通过教学的启迪和教程中大量有创意的实验项目训练，能动地激发学生的创新意识，培养他们的自主创新能力，从而使学生在数字电子技术的基础理论、实践能力和创新精神三方面都有收获，以便于提早参与大学生课外科技活动。

本书最后为附录部分，汇编了常用仪器的使用说明、常用数字集成电路的引脚排列及逻辑符号、常用文字符号、图形符号说明以及便携式开发板资料等内容，供学生在实验、课程设计和毕业设计中查阅参考。

本书由陈龙、牛小燕、马学条、杨柳编著，由张亚君主审。在本书编写过程中，得到了杭州电子科技大学电子信息学院和电工电子实验教学示范中心的领导及全体教师的关心和支持，在此表示衷心的感谢。

限于编者水平，书中难免有欠妥、疏漏和错误之处，恳请读者指正。

编者

2017 年 5 月

目　录

第 1 章

实验基本知识

1.1 数字集成电路器件简介

1.1.1 数字集成电路发展史

世界上第一块集成电路的出现是在 1959 年,而我国集成电路的研制工作在 1963 年刚刚开始。最初的几年,我国只能生产一些小规模 TTL 集成电路器件,由于没有标准可循,产品没有规范化。在 1971 年至 1979 年间我国陆续制定了质量评定标准及 TTL、HTL、ECL、CMOS 等系列器件标准,但限于当时的设备条件和工艺水平,所生产的品种难以与国外通用品种互换,随着技术的不断进步,这些器件将被淘汰。

1979 年后我国优选国外通用品种作为标准以指导集成电路制造者和使用者的选型,这些品种的质量评定符合国际电工委员会的规定。

目前国产数字集成电路主要有 TTL、ECL、CMOS 三类产品,其中 TTL 和 CMOS 是产量大、应用广泛的主流产品。这两类电路围绕着速度、功耗等关键性能指标展开激烈的竞争,因此得到了迅速的发展。而使用者在设计和搭建数字电路时,上述三类产品可以相互补充,发挥各自所长,获得最佳使用效果。

1.1.2 数字集成电路分类

目前生产和使用的数字集成电路种类众多,可以从制造工艺、输出结构和逻辑功能三个方面分别归类如下。

- 按制造工艺,数字集成电路分为:MOS 型、双极型和 Bi-CMOS 型。
- 按输出结构,数字集成电路分为:互补输出/推拉式输出、OD 输出/OC 输出与三态输出。
- 按逻辑功能,数字集成电路分为:与门、或门、非门、与非门、或非门、同或门、异或门,以及与或非门。

几种分类方式的细分内容如下所示。

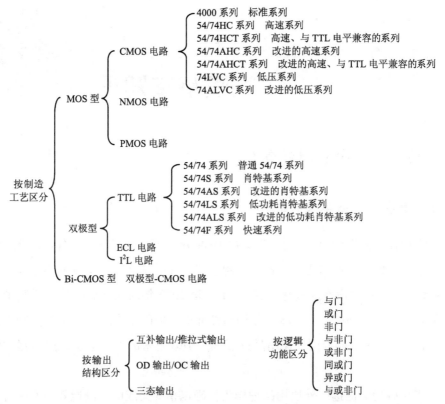

其中，ECL、TTL 为双极型集成电路，构成的基本元器件为双极型半导体器件，其主要特点是速度快、负载能力强，但功率较大、集成度较低。双极型集成电路主要有 TTL（Transistor-Transistor Logic）电路、ECL（Emitter Coupled Logic）电路和 I^2L（Integrated Injection Logic）电路等类型。由于 TTL 电路的性价比最高，所以应用非常广泛，其中又以 74 系列集成电路的应用最为广泛。

MOS 电路为单极型集成电路，又称为 MOS 集成电路，它采用金属－氧化物半导体场效应管（Metal Oxide Semi-conductor Field Effect Transistor，MOSFET）制造工艺，主要特点是结构简单、制造方便、集成度高、功耗低，但速度较慢。MOS 集成电路又分为 PMOS（P-channel Metal Oxide Semiconductor，P 沟道金属－氧化物半导体）、NMOS（N-channel Metal Oxide Semiconductor，N 沟道金属－氧化物半导体）和 CMOS（Complement Metal Oxide Semiconductor，互补金属－氧化物半导体）等类型。MOS 电路中应用最广泛的为 CMOS 电路，CMOS 数字集成电路与 TTL 数字集成电路一起成为两大主流产品。Bi-CMOS 是双极型 CMOS（Bipolar-CMOS）电路的简称，其特点是逻辑部分采用 CMOS 结构，输出级采用双极型晶体管，因此兼有 CMOS 电路功耗低和双极型电路输出阻抗低的优点。

综上所述，TTL 系列、CMOS 系列是通用性最强、应用最广泛的数字集成电路，因此我们将重点介绍这两个系列。

1. CMOS 数字集成电路的各种系列

早期的 CMOS 产品主要是 4000 系列，由于受当时的制造工艺水平及设备条件限制，4000 系列产品的速度较低，其传输时间约 100ns，带负载能力较弱，而且不易与当时最流行的逻辑系列——双极型 TTL 相匹配。因此，在多数应用中，4000 系列被后来推出的、能力更强的 CMOS 系列所代替。目前投放市场的 CMOS 产品有 HC/HCT 系列、AHC/AHCT 系列、VHC/VHCT 系列、LVC 系列、ALVC 系列等。

HC/HCT（High-Speed CMOS/ High-Speed CMOS, TTL compatible）是高速 CMOS 逻辑系列的简称。由于在制造工艺上采用了硅栅自对准工艺以及缩短 MOS 管的沟道长度等一系列改进措施，HC 系列产品的传输延迟时间缩短到了 10ns 左右，仅为 4000 系列的十分之一，并且带负载能力也提高到了 4mA 左右。

HCT 系列在传输延迟时间和带负载能力上基本与 HC 系列相同，区别在于它们的工作电压范围和对输入信号电平的要求有所不同。HC 系列的电压范围为 2~6V，使用起来比较灵活，如果以提高速度为前提，可以选择较高的电源电压；而以降低功耗为主要目标的情况下，可以选用较低的电源电压。但由于 HC 系列的电路要求的输入电平与 TTL 电路的输出电平不相匹配，所以 HC 系列电路不能与 TTL 电路混合使用。HCT 系列的工作电压固定在 5V，它的输入、输出电平与 TTL 电路的输入、输出电平完全兼容，所以 HCT 与 TTL 可以混合使用于同一系统。

AHC/AHCT（Advanced High-Speed CMOS/Advanced High-Speed CMOS, TTL compatible）是改进的高速 CMOS 逻辑系列的简称。与 HC/HCT 相比，这两种改进后系列的工作速度及带负载能力都提高了近一倍，同时又与 HC/HCT 系列产品完全兼容，为使用者带来了很大的方便。因此，AHC/AHCT 系列是目前最受欢迎、应用最广的 CMOS 器件。AHC 与 AHCT 系列的区别同 HC 与 HCT 系列的区别一样，主要表现在工作电压范围和对输入电平的不同要求上。VHC/VHCT 系列与 AHC/AHCT 系列主要性能基本相近，由于不是同一公司生产的产品，所以在某些具体的参数上会略有不同。

LVC 系列是 TI 公司（德州仪器公司）20 世纪 90 年代推出的低压 CMOS（Low-Voltage CMOS）逻辑系列的简称。LVC 系列不但能在 1.65~3.3V 的低电压下工作，而且传输延迟时间也缩短至 3.8ns。同时，它又能提供更大的负载电流，在电源电压为 3V 时，最大负载电流可达 24mA。此外，LVC 的输入可以接受高达 5V 的高电平信号，也能够很容易将 5V 的电平信号转换为 3.3V 以下的电平信号，而 LVC 系列所提供的总线驱动电路又能将 3.3V 以下的电平转换为 5V 的输出信号，这就为 3.3V 系统与 5V 系统之间的连接提供了便捷的解决方案。

ALVC(Advanced Low-Voltage CMOS) 系列是 TI 公司于 1994 年推出的改进的低压 CMOS 逻辑系列。ALVC 在 LVC 的基础上进一步提高了工作速度，并提供了性能更加优越的总线驱动器件。LVC 和 ALVC 是目前 CMOS 电路中性能最好的两个系列，可以满足高性能数字系统设计的需要。尤其在便携式的移动电子设备中，LVC 和 ALVC 系列的优势更加明显。

表 1-1 以 TI 公司生产的不同系列反相器（74××04）为例列出了各种 CMOS 系列电路的主要性能参数。我们讨论的 CMOS 器件都有形如 "54/74FAMnn" 的元件号码，其中的 "FAM" 为按字母排列的助记符，nn 为用数字表示的功能标号，且 nn 相同的不同系列器件的功能相同。如器件名称 54/74HC04 中，"54/74" 是 TI 公司产品的标志；"HC" 是不同系列的名称，这是高速 CMOS 系列，后面的数字 "04" 表示器件具体的逻辑功能，它是一个 "六反相器"（即一块芯片上封装了六个相同的反相器）。对于不同系列的器件，只要器件名称中最后的数码相同，它的逻辑功能就相同。但不同系列的器件的电器性能参数就大不一样了。"54" 和 "74" 系列的区别主要在于允许的环境工作温度不同。"54" 系列允许的环境工作温度为 $-55 \sim +125℃$，而 "74" 系列的允许环境工作温度为 $-40 \sim +85℃$。

表 1-1　各种 CMOS 系列电路的性能比较（以 74 系列为例）

参数名称与符号	74××04					
	74HC	74HCT	74AHC	74AHCT	74LVC	74ALVC
电源电压范围 V_{DD}/V	2 ~ 6	4.5 ~ 5.5	2 ~ 5.5	4.5 ~ 5.5	1.65 ~ 3.6	1.65 ~ 3.6
输入高电平最小值 $V_{IH(min)}$/V	3.15	2	3.15	2	2	2
输入低电平最大值 $V_{IL(max)}$/V	1.35	0.8	1.35	0.8	0.8	0.8
输出高电平最小值 $V_{OH(min)}$/V	4.4	4.4	4.4	4.4	2.2	2.0
输出低电平最大值 $V_{OL(max)}$/V	0.33	0.33	0.44	0.44	0.55	0.55
高电平输出电流最大值 $I_{OH(max)}$/mA	−4	−4	−8	−8	−24	−24
低电平输出电流最大值 $I_{OL(max)}$/mA	4	4	8	8	24	24
高电平输入电流最大值 $I_{IH(max)}$/μA	0.1	0.1	0.1	0.1	5	5
低电平输入电流最大值 $I_{IL(max)}$/μA	−0.1	−0.1	−0.1	−0.1	−5	−5
平均传输延迟时间 $t_{pd(avg)}$/ns	9	14	5.3	5.5	3.8	2
输入电容最大值 $C_{I(max)}$/pF	10	10	10	10	5	3.5
功耗电容 C_{pd}/pF	20	20	12	14	8	27.5

2. TTL 数字集成电路的各种系列

同样以 TI 公司生产的 TTL 产品为例，这些最初生产的 TTL 电路命名为 SN54/74 系列，也称为 TTL 的基本系列。（54 系列和 74 系列的主要区别在于工作环境温度范围和电源允许的变化范围不同。）随着生产工艺水平的不断提高，同时为了满足提高工作速度和降低功耗的需要，继 54/74 系列之后又相继生产了 74H、74L、74S、74AS、74LS、74ALS、74F 等改进系列。

74H（High-Speed TTL，高速 TTL）系列是在基本系列的基础上，通过减小电路中各个电阻的阻值，缩短了传输延迟时间，提高了速度，但同时也增加了功耗。而 74L（Low-power TTL）称为低功耗 TTL 系列，是在基本系列的基础上，通过加大电路中各个电阻的阻值，降低了功耗，但是增加了传输时间。可见，以上两种改进系列都不能满足既降低功耗又缩短传输延迟时间的要求。如果用传输延迟时间和功耗的乘积（delay-power product，dp 积）来表示门电路的综合性能，那么 74H 和 74L 系列的 dp 积并未减小，也就说明它的综合性能并未得到改善。因此，这两个系列的器件都不是理想器件。

74S（Schottky TTL）系列又称肖特基系列。此系列门电路中的晶体管采用的是抗饱和晶体管（或称为肖特基钳位晶体管，Schottky-Clamped Transistor）。抗饱和晶体管是由普通的双极型晶体管和肖特基势垒二极管（Schottky Barrier Diode，SBD）组合而成的。由于 SBD 的开启电压很低，只有 $0.3 \sim 0.4V$，所以当晶体管的 b-c 结进入正向偏置状态以后，SBD 首先导通，并将 b-c 结的正向电压钳位在 $0.3 \sim 0.4V$，使 V_{CE} 保持在 $0.4V$ 左右，从而有效地制止了晶体管进入深度饱和状态。

通过对 74 系列门电路的动态过程分析可以知道，晶体管导通时工作在深度饱和状态是产生传输延迟时间的一个主要原因。而 74S 系列采用的抗饱和晶体管工作在浅饱和状态，大大缩短了传输延迟时间，从而提高了工作速度。

74S 系列门电路结构的另一个特点是用有源电路代替 74 系列中 VT_2 的发射结电阻，为 VT_3 的发射结提供一个有源泄放回路（具体电路可参考理论课教材），从而加速了 VT_3 的导通过程以及从导通变为截止的过程。

此外，引进有源泄放电路还改善了门电路的电压传输特性。所以，74S 系列门电路的电压传输特性上没有线性区，更接近于理想的开关特性。而 74S 系列门电路的阈值电压也比 74 系列要低一些，这是因为 VT_1 为抗饱和晶体管，它的 b-c 间存在 SBD，所以 VT_3 开始导通所需要的输入电压比 74 系列门电路要低一些，约 $1V$ 左右。

74S 系列门电路由于采用抗饱和晶体管以及采用较小的电阻值，在强化其优点的同时也带来了缺点。首先，电路的功耗加大了。其次，由于输出管 VT_3 脱离了深度饱和状态，导致了输出低电平升高（最大值达 $0.5V$ 左右）。

74AS（Advanced Schottky TTL）系列是为了进一步缩短传输延迟时间而设计的改进系列。在此系列的电路中采用了更低的电阻阻值，从而提高了工作速度。但它的缺点同样是功耗大，比 74S 系列的功耗还略大一些。

为了既能提高速度又能降低功耗，既能得到更小的 dp 积，在 74S 系列的基础上又进一步开发了 74LS(Low-power Schottky TTL) 系列（也称为低功耗肖特基系列）。

此系列电路结构中，为了降低功耗，大幅度地提高了电路中各个电阻的阻值。74LS 系列门电路的功耗仅为 74 系列的 1/5，仅为 74H 系列的 1/10。为了缩短传输延迟时间、提高工作速度，沿用了 74S 系列提高工作速度的两个方法——使用抗饱和晶体管和引入有源泄放回路。同时，还将输入端的多发射极晶体管用 SBD 代替，因为这种二极管没有电荷存储效应，有利于提高工作速度。此外，为进一步加速电路开关状态的转换过程，又接入了 VD$_3$、VD$_4$ 这两个 SBD（具体电路可参考理论课教材）。由于采取了这一系列措施，虽然电路阻值增大了很多，但传输延迟时间仍可达到 74 系列的水平。而最主要的是，74LS 系列的 dp 积仅为 74 系列的 1/5，仅为 74S 系列的 1/3。

另外，74LS 系列电路的电压传输特性与 74S 相同，也没有线性区，而阈值电压也要比 74 系列低，与 74S 系列相同，约为 1V 左右。

74ALS(Advanced Low-power Schottky TTL) 系列是为了获得更小的 dp 积而设计的改进系列，它的 dp 积是 TTL 电路所有系列中最小的一种。为了降低功耗，电路中采用了较高的电阻阻值。同时，通过改进生产工艺缩小了内部各个器件的尺寸，获得了减小功耗、缩短延迟时间的双重效果。此外，在电路结构中也做了局部改进。

74F(Fast TTL) 系列在速度和功耗两方面都介于 74AS 和 74ALS 系列之间。可见，74F 的出现给设计人员提供了更广阔的选择余地。

在实际使用当中，过去相当长的一段时间里都以 74LS 系列作为 TTL 的主流产品。估计在不远的将来 74ALS 系列将会取代 74LS 系列而成为 TTL 电路的主流产品。

表 1-2 以 2 输入四与非门（74×× 00）为例列出了各个系列的主要性能参数。对于不同系列的 TTL 电路产品，只要型号最后的数字相同，它们的逻辑功能就是一样的，但电气性能参数可能相差很大。所以，在使用时要有目的地进行选择。

表 1-2　各种系列 TTL 电路（以 74 系列为例）的性能比较

参数名称与符号	74×× 00					
	74	74S	74AS	74LS	74ALS	74F
输入低电平最大值 $V_{\text{IL(max)}}$/V	0.8	0.8	0.8	0.8	0.8	0.8
输出低电平最大值 $V_{\text{OL(max)}}$/V	0.4	0.5	0.5	0.5	0.5	0.5
输入高电平最小值 $V_{\text{IH(min)}}$/V	2.0	2.0	2.0	2.0	2.0	2.0
输出高电平最小值 $V_{\text{OH(min)}}$/V	2.4	2.7	2.7	2.7	2.7	2.7
低电平输入电流最大值 $I_{\text{IL(max)}}$/μA	−1.0	−2.0	−0.5	−0.4	−0.2	−0.6
低电平输出电流最大值 $I_{\text{OL(max)}}$/mA	16	20	20	8	8	20
高电平输入电流最大值 $I_{\text{IH(max)}}$/μA	40	50	20	20	20	20

（续）

参数名称与符号	74××00					
	74	74S	74AS	74LS	74ALS	74F
高电平输出电流最大值 $I_{OH(max)}$/mA	−0.4	−1.0	−2.0	−0.4	−0.4	−1.0
传输延迟时间 t_{pd}/ns	9	3	1.7	9.5	4	3
每个门的功耗/mW	10	19	8	2	1.2	4
dp 积/pJ	90	57	13.6	19	4.8	12

1.2 集成电路的命名规则

1.2.1 我国集成电路的型号命名方法

国家标准 GB3430—1989《半导体集成电路型号命名方法》，规定了我国半导体集成电路各个品种和系列的命名方法。1977 年我国选取了与国际 54/74TTL 电路系列完全一致的品种作为优选系列品种，并于 1982 年颁布了 GB3430—1982《半导体集成电路型号命名法》，1988 年 7 月作了第一次修订。表 1-3 中列出了 GB3430—1989 标准中器件型号中 5 部分的符号及意义。

表 1-3 半导体集成电路型号命名法（GB3430—1989）

第一部分：国标		第二部分：电路类型		第三部分：电路系列和代号	第四部分：温度范围		第五部分：封装形式	
字母	含义	字母	含义		字母	含义	字母	含义
C	中国制造	B	非线性电路	用数字或数字与字母混合表示集成电路系列和代号	C	0～70℃	B	塑料扁平
		C	CMOS				C	陶瓷芯片载体封装
		D	音响、电视电路		G	−25～70℃	D	多层陶瓷双列直插
		E	ECL				E	塑料芯片载体封装
		F	线性放大器				F	多层陶瓷扁平
		H	HTL		L	−25～85℃	G	网络阵列封装
		J	接口电路				H	黑瓷扁平
		M	存储器				J	黑瓷双列直插封装
		W	稳压器		E	−40～85℃	K	金属菱形封装
		T	TTL					
		μ	微型机电路				P	塑料双列直插封装
		A/D	A/D 转换器		R	−55～85℃		
		D/A	D/A 转换器				S	塑料单列直插封装
		SC	通信专用电路					
		SS	敏感电路		M	−55～125℃	T	金属圆形封装
		SW	钟表电路					

现举例加以说明。

【例1-1】　低功耗肖特基 TTL 双 4 输入与非门，如图 1-1 所示。

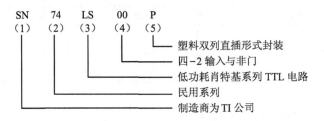

图 1-1　SN74LS00P 的命名

【例1-2】　CMOS 双 4 输入与非门，如图 1-2 所示。

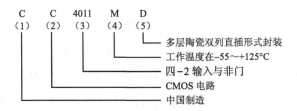

图 1-2　CC4011MD 的命名

1.2.2　国外部分公司及产品代号

国外部分公司及产品代号如表 1-4 所示。

表 1-4　国外部分公司及产品代号

公司名称	产品代号	公司名称	产品代号
美国无线电公司（RCA）	CA	日本电气公司（NEC）	μPC
美国国家半导体公司（NSC）	LM	日本日立公司（HIT）	HA，HD
美国摩托罗拉公司（MOTOROLA）	MC	日本东芝公司（TOS）	TA
美国仙童公司（FSC）	μA	日本三洋公司（SANYO）	LA，LB
美国德州仪器公司（TI）	TL，SN	日本索尼公司（SONY）	BX，CX
美国模拟器件公司（ADI）	AD	日本松下公司（PANASONIC）	AN
美国英特尔公司（INTEL）	IC	日本三菱公司（MITSUBISHI）	M
美国悉克尼特公司（SIC）	NE	德国西门子公司（SIEMENS）	T

1.3　数字集成电路的使用规则

1.3.1　CMOS 电路的使用规则

由于 CMOS 电路有很高的输入阻抗，这给使用者带来一定的麻烦，即外来的干扰信号很容易在一些悬空的输入端上感应出较高的电压，以致损坏器件。CMOS 电路的使用规则如下：

（1）V_{DD} 接电源正极，V_{SS} 接电源负极（通常接地），不得接反。CC4000 系列的电源允许电压在 3～18V 范围内选择，实验中一般要求使用 5～15V。

（2）所有输入端一律不允许悬空。闲置输入端的处理方法有两种：

1）按照逻辑要求，直接接 V_{DD}（与非门）或 V_{SS}（或非门）；

2）在工作频率不高的电路中，允许输入端并联使用。

（3）输出端不允许直接与 V_{DD} 或 V_{SS} 连接，否则将导致器件损坏。

（4）在搭接电路、改变电路连接或插、拔器件时，均应切断电源，严禁带电操作。

（5）焊接、测试和储存时的注意事项：

1）电路应存放在导电的容器内，有良好的静电屏蔽；

2）焊接时必须切断电源，电烙铁外壳必须良好接地，或拔下电烙铁，靠其余热焊接；

3）所有的测试仪器必须良好接地。

1.3.2 TTL 集成电路的使用规则

TTL 集成电路的使用规则如下所示。

（1）拿到集成电路器件时，首先要认清定位标记，使集成块正面向上，缺口朝向实验者左边，然后将该器件安放在相同引脚数的实验箱插槽中，最后再按下插槽拨杆，锁紧集成块。

（2）电源电压使用范围为 4.5～5.5V（针对 74LS 系列），超过 5.5V 可能会损坏器件，而低于 4.5V，器件的逻辑功能可能会不正常。实验中使用电源电压 V_{CC} 为 +5V，且电源极性绝对不允许错接。

（3）闲置输入端处理方法：

1）悬空，相当于正逻辑 1。对于一般小规模集成电路多余的输入端，实验时允许悬空处理，但易受外界干扰，导致电路的逻辑功能不正常。因此，中规模以上的集成电路所有闲置输入端最好按逻辑要求接入电路，不宜采用悬空的处理方式。

2）直接接电源电压 V_{CC}，串接 1～10kΩ 的电阻到电源电压上或接至某一固定电压（2.4～5V）的电源上。

3）若前级驱动能力允许，可以与其他使用的输入端并接。

（4）TTL 电路输入端通过电阻接地，电阻值的大小将直接影响电路所处的状态。一般情况下，当 R 小于几百欧时，输入端相当于逻辑 0；当 R 大于几千欧时，输入端相当于逻辑"1"。对于不同系列器件，要求的阻值不同。

（5）TTL 集成电路输出端不允许并联使用（集电极开路（OC）与非门和三态（3S）输出门电路除外），否则不仅会使电路逻辑功能混乱，还会导致器件损坏。

（6）输出端不允许直接接地或直接接 +5V 电源，否则将损坏器件。有时为了使后级电路获得较高的输出电压（例如 CMOS 电路），允许输出端通过电阻 R（称为提升电阻）接至 V_{CC}，一般取 R 为 $3 \sim 5.1 k\Omega$。

1.4 数字电路中的常见故障及检测

1.4.1 数字电路中的常见故障

对已设计好的电路进行实验的过程中，如电路达不到预期的功能，则该电路存在故障。产生故障的原因主要有以下几个方面。

1. 电路设计错误

这里的设计错误，不是指电路逻辑功能错误，而是指所用器件和电路各器件在时序配合上的错误。例如，电路动作的边沿选择与电平选择不恰当；由于电路延迟时间引起的冒险；电路不能自启动，即计数器在进入了非工作循环状态后，不能转入正常的循环等。这些都是我们在设计电路时要慎重考虑的因素。

2. 电源问题

电源问题主要表现在两个方面：电源漏接和电源错接。其中电源漏接现象在学生实验中非常普遍。由于我们在画逻辑电路图时，一般不标出电源，这使得学生很容易漏接电源。事实上，每片集成电路只有在加上额定电压时才能正常工作，完成其逻辑功能。其中 V_{CC} 接电源正极，GND 接电源负极。对于 TTL 电路，其电源电压为 +5V，错误的电压值可能导致芯片不能工作甚至损坏。另外，在接电源时，要防止电源短路。

3. 集成电路使用不当

集成电路使用不当包括以下几个方面的问题：

1）插拔电路不当，造成集成电路引脚弯曲甚至折断；

2）在电路较复杂，使用集成电路较多时，未弄清集成电路的型号就想当然地接线，比如错把 74LS74 当成 74LS76 接线，这样非但不能实现功能，甚至可能烧坏芯片。

3）集成电路的接插方向不一致，错认了其引脚排列顺序。

4. 接线问题

在数字电路实验中，由错误的布线引起的故障约占所有故障的70%。这些故障包括漏接、错接、断线和碰线等。所以，合理的布线是实验成功的保障。

1）布线原则。整齐、清晰、可靠，便于检查和更换芯片。最好不要在芯片周围走线，切忌跨越芯片上空或交错布线。

2）布线技巧。布线前，先对照集成电路的引脚排列顺序在设计的逻辑电路图上标明芯片的引脚号。这样不但接线速度快，不易出错，而且便于检查。另外，尽可能采用不同颜色的导线，如红色线接电源，黑色线接地，绿色接信号等。

3）布线顺序。布线要有顺序，不要随意乱接线，避免造成漏接。首先将所有芯片的电源、地线和固定不变的输入端（如多余的输入端、触发器不用的清零、置位端等）接好，这些连线要尽可能短，使之尽量接近电源正极和负极，并且尽量在集成电路元件的最外围的位置。然后按照信号的流向依次接入信号线、控制线和输出线。除此之外，目前大多数数字电路实验都是采用专用的导线在逻辑实验箱上直接连线，实验前有必要对导线进行检查。

5. 电源耦合问题

由于集成电路形成的电源尖峰电流，在电源内阻上就形成了内部干扰电压。如果这个干扰信号足够大，可能引起电路故障。为消除电源耦合，可在电源和地之间接入去耦电容。

1.4.2 数字电路中的常见故障检测

在实验中，我们准备做得越充分，实验中的故障就会越少。但完全不出错，每次都成功是比较困难的，尤其是对于较复杂的电路。那么，出了故障怎么办？有的同学束手无策，有的同学则盲目地一遍一遍地重接，而错误也一次一次地出现。其实，只要我们清楚数字电路是一个二元系统（只有0和1两种状态）以及具有逻辑判断能力这两个特点，实验故障就不难发现和排除。

一般情况下，接线完毕后不要马上接通电源，要认真检查一下布线，以防错接和漏接。用万用表欧姆挡的×10档测量一下电源和地之间的电阻，以防短路，待检查无误后，再接通电源。接通电源后，若出现故障，要先摸一下芯片是否发烫。若发烫，要马上关电源，查找错误。切不可立即更换芯片，以防继续损坏。在确保电源正常的情况下，可进行带电检测。静态检测法和动态检测法是数字电路故障检测的基本方法。所谓静态检测，是指在信号电平固定不变的情况下，检查输出电平；而动态检测是指在输入信号为一串脉冲的情况下，检测输出信号和输入信号的波形。

1）对于组合电路，我们常采用静态法。对照真值表一步一步地检查，当输出错误时，固定此时的输入状态，用万用表的直流电压挡先测一下各输入电平是否正常，再按照逻辑图一步一步地测量各个门电路的输入、输出电平，看是否和我们的分析一致。表1-5给出了TTL器件在不同情况下的引脚电压范围。除了三态门以外，数字电路的输出要么是高电平，要么是低电平。若某点出现了中间状态，那么该点就可能有问题。

表1-5　不同情况下的引脚电压范围（TTL器件）

引脚所处状态	测得电压值/V
输入端悬空	≈ 1.4
输入端接低电平	$\leqslant 0.4$
输入端接高电平	$\geqslant 3.0$
输出低电平	$\leqslant 0.4$
输出高电平	$\geqslant 3.0$
出现两输出端短路（两输出端状态不同时）	$0.4 < U < 1.4$

2）对于时序电路，我们可用示波器检查时钟信号是否加上，是否满足电路对时钟的要求。如时钟频率、高低电平、上升、下降时间等。再按信号流程依次检查各级波形，直到找出故障点所在。另外，也可将时钟信号改为"手动单次"脉冲，一步一步地检查。但此时要注意，有些实验箱的"手动单次"脉冲，由于去抖电路做得不好，很可能一次会跳过一个状态。例如，在做计数器实验时，可能会出现"000 – 001 – 011 – …"即从"001"跳到"011"，因此应选用连续秒脉冲作为时钟信号来观察电路是否正确。

3）对于含有反馈线的闭合电路，应设法断开反馈线，然后对该电路进行检查或状态预置后再检查。

4）当怀疑某一集成电路损坏时，要将其输入、输出端与其他电路断开，单独对其功能进行测试。

5）对于一些典型的故障，要做到心中有数。例如输出保持高电平不变时，集成电路可能未接地或接地不良；若输出信号保持与输入信号同样规律的变化，则可能未接电源。

对于 JK 触发器，在时钟作用下，无论 J、K 如何变化，输出始终处于分频状态，可判断 J、K 端漏接导线或 J、K 功能失效。对于 CMOS 电路，要预防其特有的失效模式——锁定效应，这是器件固有的故障现象。其原因是由于器件内部存有正反馈，使工作电流越来越大，直至发热烧坏。当 CMOS 器件工作在较高电源电压下或输入、输出信号由于某种原因高于 V_{DD} 或低于 V_{SS} 时，就可能出现锁定效应。因此，在电路中应采取措施加以预防。

1.5 实验要求

1.5.1 课前应做的准备工作

数字电路与逻辑设计实验虽然是一门独立设置的实践性课程，但由于学时数有限，大部分实验原理不可能在实验课上讲解，也就是说，学生在做实验之前必须要掌握实验原理。这就要求学生在实验课前必须做好充分的准备。

1）仔细阅读实验教程指导书，明确实验目的，清楚有关原理。在书中，每个实验都有较详细的实验原理以及典型器件的应用举例。

2）写好预习报告。即事先完成实验报告中的前三项内容，特别是实验任务，必须在课前认真完成，否则不允许动手实验。

1.5.2 实验注意事项

为了在实验中培养学生严谨的科学态度和工作作风，确保人身和设备的安全，顺利有效地完成实验任务，达到预期的实验目的，学生做实验时应注意以下几点：

1）严格遵守学生实验规则。

2）在进入实验室后，首先检查本次实验所用的元器件、仪器仪表是否正常，同时要掌握其使用方法，并根据实验内容选择芯片型号。

3）接线前要先弄清电路图上的节点与实验电路中各芯片引脚的对应关系，布线尽量合理，以防连线短路，养成良好的接线习惯。

4）接好线路后，一定要认真复查，确信无误后，方可接通电源。如无把握，应请教师审查。

5）只有在调试电路或测试电路功能时才打开电源，其他情况下应关掉电源，以免接线错误或因无意间碰到电路使电路瞬间短路或带电插接集成芯片等使器件损坏。

6）如有损坏仪器设备，必须及时向教师报告，并写出书面情况说明。

7）保持实验室整洁、安静。

8）实验完成后，须经指导教师检查实验结果，然后切断电源，拆除实验电路，整理并放置好实验台上的所有仪器设备及器件导线等，方可离开实验室。

1.5.3　实验报告的要求

实验结束后认真书写实验报告，实验报告用纸规定一律用16开纸，并加以专用的实验报告封面装订整齐。实验报告所含具体内容包括以下几部分：

1）实验目的。

2）本次实验所用的仪器以及元器件。

3）实验任务。这部分是实验报告最主要的内容。根据每个任务要求，设计出符合要求的实验电路，并要求结合实验原理，写出设计的全过程。

4）实验总结。把做完的实验内容进行数据整理、归纳，需要画图的画好图；如有曲线，应在坐标纸上完成，并完成课后思考题，最后再写出自己的心得体会。

第 2 章

数字电路与逻辑设计基本实验

2.1 TTL 和 CMOS 集成门电路参数测试

2.1.1 实验目的

(1) 了解 TTL 和 CMOS 逻辑门电路的主要参数及参数意义。

(2) 熟悉 TTL 和 CMOS 逻辑门电路的主要参数的测量方法。

(3) 掌握 TTL 和 CMOS 逻辑门电路的逻辑功能及使用规则。

(4) 掌握数字电路与逻辑设计实验的基本操作规范。

2.1.2 实验仪器及器件

本实验所需仪器及器件如表 2-1 所示。

表 2-1 实验所需仪器及器件

序号	仪器或器件名称	型号或规格	数量
1	双踪示波器、数字示波器	CS-4125、DS1022	1
2	数字逻辑实验箱	SBL 型	1
3	指针式万用表	500HA 型	1
4	四-2 输入与非门（TTL）	74LS00	1
5	四-2 输入与非门（CMOS）	CD4011	1
6	PC 机和仿真软件	Multisim 仿真软件	1

2.1.3 实验原理

早期的逻辑门电路由分立元件构成，体积大，性能差。随着半导体工艺的不断发展，电路设计也随之改进，使所有元器件连同布线都集成在一小块硅芯片上，形成集成逻辑门电路。集成逻辑门电路是最基本的数字集成元件，目前使用较普遍的双极型数字集成电路是 TTL 逻辑门电路，它的品种已超过千种。CMOS 逻辑门电路是在 TTL 电路问世之后所开发出的另一种应用广泛的数字集成器件。从发展趋势来看，由于制造工艺的改进，CMOS 器件的性能有可能超越 TTL 而成为占主导地位的逻辑器件。CMOS 器件的工作速度可以接近 TTL 器件，而它的功耗和抗干扰能力却大大优于 TTL 器件。早期的 CMOS 门电路为 4000 系列，随后发展为 4000B 系列。当前与 TTL 兼容的 CMOS 器件如 74HCT 系列等，可与 TTL 器件替换使用。通过本次实验，希望同学们初步掌握数字集成电路芯片的使用方法及实验的基本操作规范。

表 2-2 罗列几种常见的逻辑门电路器件。

表2-2   常见逻辑门电路

类型	TTL	CMOS
与非门	74LS00、74LS10、74LS20	74HC00、CD4011
与门	74LS08、74LS11	74HC08、CD4081
或门	74LS32	CD4071
非门	74LS04、74LS05	CD4069

1. TTL 与非门的参数

本实验采用 TTL 双极型数字集成逻辑门器件 74LS00，它有四个 2 输入与非门，封装形式为双列直插式，引脚排列及逻辑符号如图 2-1 所示，其中 A、B 为输入端，Y 为输出端，输入输出关系为 $Y = \overline{AB}$。TTL 逻辑门电路主要参数有以下几个。

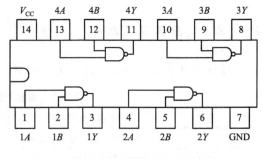

图 2-1   74LS00 引脚排列及逻辑符号

（1）电源特性参数 I_{CCL}、I_{CCH}

I_{CCL} 是指输出端为低电平时电源提供给器件的电流，即逻辑门的输入端全部悬空或接高电平，且该门输出端空载时电源提供器件的电流；I_{CCH} 是指输出为高电平时电源提供给器件的电流，即输入端至少有一个接地，输出端空载时电源提供器件的电流。注意图 2-1 所示器件，四个门的电源 V_{CC} 引线是连在一起的，实验测量时，所测得电流是单个门电流的 4 倍。

（2）输入特性参数 I_{IL}、I_{IH}

I_{IL} 是指一个输入端接地，其他输入端悬空或接高电平，从输入端流向接地端的电流；I_{IH} 是指一个输入端接高电平 V_{CC}，其他输入端接地，高电平 V_{CC} 流向输入端的电流。

（3）电压传输特性参数

电压传输特性是指输出电压 V_o 随输入电压 V_i 变化的关系，图 2-2 所示为 TTL 逻辑门电路电压传输特性曲线。该图为理论的电压传输特性曲线，其中 LS 虚线为低功耗肖特基系列的 TTL 电压传输特性曲线，Sta 实线为标准系列的 TTL 电压传输特性曲线。从特性曲线图中可以得到 TTL 逻辑门主要参数如下。

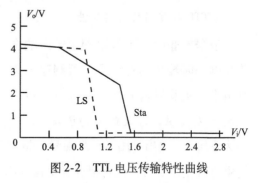

图 2-2　TTL 电压传输特性曲线

1）输出低电平 V_{OL}，是指当与非门输入端均接高电平或悬空时的输出电压值，当输出空载时 $V_{OL} \leqslant 0.3V$，当输出接有灌电流负载时，V_{OL} 将上升，其允许最大值 V_{OLmax} 为 $0.4V$。

2）输出高电平 V_{OH}，是指当与非门有一个或一个以上的输入端接地或接低电平时的输出电压值，当输出空载时 $V_{OH} \approx 4.2V$，当输出接有拉电流负载时，V_{OH} 将下降，其允许最小值 V_{OHmin} 为 $2.4V$。

3）开门电平 $V_{ON}(V_{IHmin})$，是指保持输出为低电平的最小输入高电平，一般 $V_{ON} \leqslant 1.8V$，LS 系列约 $1.2V$ 左右。关门电平 $V_{OFF}(V_{ILmax})$，是指保持输出为额定高电平的 90% 时的最大输入低电平，一般 $V_{OFF} \geqslant 0.8V$。

4）阈值电平 V_{th}，是指在电压传输特性曲线中输出电平急剧变化中点附近的输入电平值，一般为 $1.4V$（标准型）或 $1.0V$（LS 型）。当与非门输入电平为 V_{th} 时，输入的极小变化可引起输出状态迅速变化，利用这个特性，可以构成多谐振荡器。

5）直流噪声容限 V_N，是指在最坏的条件下，输入端所允许的输入电压变化的极限范围。其中，低电平直流噪声容限 V_{NL} 定义为 $V_{NL} = V_{OFF} - V_{OLmax}$；高电平直流噪声容限 V_{NH} 定义为 $V_{NH} = V_{OHmin} - V_{ON}$。

（4）输出特性参数 N_O

N_O 为扇出系数，是指电路能驱动同类门电路的数目，用以衡量电路带负载的能力。在输出低电平时，假设因灌电流负载造成 V_{OL} 的上升不超过 $0.4V$，则可从相应的输出特性上查得最大允许的灌电流 I_{OLmax}，由此可算出输出低电平时的扇出系数为 $N_{OL} = I_{OLmax}/I_{ILmax}$。在输出高电平时，设因拉电流负载造成 V_{OH} 的下降不低于 $2.4V$，则可从相应输出特性上查得最大允许的拉电流 I_{OHmax}，由此可得输出高电平时的扇出系数为 $N_{OH} = I_{OHmax}/I_{IHmax}$。

（5）动态特性参数 t_{pd}

t_{pd} 为传输时延，是衡量门电路开关速度的一个重要指标。如图2-3所示，即 t_{pd} = $(t_{pLH} + t_{pHL})/2$，t_{pHL} 为导通延迟时间，t_{pLH} 为截止延迟时间。

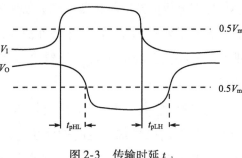

图 2-3　传输时延 t_{pd}

2. TTL 与非门的逻辑功能

根据与非门的工作原理，输入端全为高电平时输出为低电平，否则输出为高电平。实验时输入端的高低电平可由逻辑开关提供，开关拨上为逻辑 **1**，拨下为逻辑 **0**，输出可用指示灯显示，输出高电平则指示灯亮，输出低电平则灭，这样就可观察指示灯的变化情况确定输入输出的逻辑关系。

3. CMOS 与非门的主要参数

CMOS 与非门主要参数的定义与 TTL 电路相仿，从略。参数在测试的时候，多余输入端的处理上与 TTL 电路不同。一般情况下，多余的输入端口接电源或者接地（根据芯片逻辑功能要求），但在稳定性要求极高的电路中，多余的输入端口还要接保护电路。

2.1.4　实验内容

1. 基础实验部分

（1）TTL 与非门逻辑功能的测试

实验箱总开关处 OFF 状态，把一块 74LS00 固定在实验箱的插座上，连接 14 脚电源 V_{CC} 至实验箱 +5V 端口，连接 7 脚 GND 至实验箱接地端口，从 74LS00 中任选一个与非门，它的两个输入端 A、B 分别接逻辑开关，由开关提供输入的高、低电平，输出端接指示灯，由指示灯的亮、灭表示输出的高、低电平。改变开关的状态，观察指示灯的变化，将实验结果记录在表2-3中。

表2-3　TTL 与非门逻辑功能测试

A	B	Y
低	低	
低	高	
高	低	
高	高	

（2）TTL 与非门的参数测试

1）电源电流 I_{CCL}、I_{CCH}。按图 2-4 连接电路，电流表串接在电源和集成块电源引脚之间，注意电流表的量程和极性。当所有的输入端悬空时，电流表读数即为 $4I_{\text{CCL}}$；当所有的输入端接地时，电流表读数即为 $4I_{\text{CCH}}$。（电流表所测得的值是整个集成块四个与非门电源电流之和，单个门的电源电流仅为所测值的 1/4。）

于是，单个门的静态功耗最大值 $P_{\text{max}} = V_{\text{CC}}I_{\text{CCL}}$。记录：

单个门的 $I_{\text{CCL}} = $ ＿＿＿。

单个门的 $I_{\text{CCH}} = $ ＿＿＿。

单个门的 $P_{\text{max}} = $ ＿＿＿。

2）输入低电平电流 I_{IL}。按图 2-5 连接电路，与非门输入端中任取一个串接电流表接地，另一输入端悬空，记录电流表读数即为 I_{IL}。记录：

$I_{\text{IL}} = $ ＿＿＿。

图 2-4　与非门电源特性参数测试电路　　　图 2-5　与非门输入低电平电流测试电路

3）输入高电平 I_{IH}。按图 2-6 连接电路，与非门输入端中任取一个串接电流表接电源，另一输入端接地，记录电流表读数即为 I_{IH}。记录：

$I_{\text{IH}} = $ ＿＿＿。

4）扇出系数 N_0。按图 2-7 连接电路，与非门输入端悬空，输出端接电压表，同时连接电流表和电阻 R_{L} 至电源，R_{L} 由一个 200Ω 和一个可调电阻（实验箱提供）$4.7\text{k}\Omega$ 串联而成，调节 R_{L} 中可调电阻阻值，同时观察记录电压表读数 V_0，当其值为 0.4V 时，记录电流表读数 I_0，则 $N_0 = I_0/I_{\text{IL}}$。记录：

$I_0 = $ ＿＿＿。

$N_0 = $ ＿＿＿。

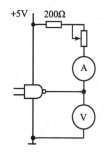

图 2-6　与非门输入高电平电流参数测试电路　　　图 2-7　TTL 扇出系数测试电路

5）电压传输特性曲线。按图2-8 连接电路，电位器10kΩ 的两个固定端分别接电源和地，可调端接逻辑门的一个输入端，再并接一个电压表，另一个输入端悬空，输出端接另一个电压表，调节电位器，输入电压从零逐渐增大，具体输入电压的变化按表2-4 提供的数据进行测量。实验完成后，根据所测的数据，在直角坐标纸上画出传输特性曲线，并且在图上标出 V_{OL}、V_{OH}、V_{ON}、V_{OFF}、V_{th} 等参数，并求出直流噪声容限。

表2-4 电压测量记录 （单位：V）

V_I	0	0.3	0.5	0.85	0.9	0.95	1.0	1.05	1.1	1.15	1.2	1.3	1.4	1.5
V_O														

6）传输时延 t_{pd} 的测试。t_{pd} 是衡量门电路开关速度的参数，它是指输入波形边沿的 $0.5V_m$ 处至输出波形对应边沿 $0.5V_m$ 处的时间间隔，如图2-3 所示，t_{pHL} 为导通延迟时间，t_{pLH} 为截止延迟时间，传输时延为 $t_{pd} = 0.5(t_{pHL} + t_{pLH})$。测试电路如图2-9 所示，可选用两块 74LS00 或一块 74LS04 按图2-9 连接电路，用示波器观察振荡波形，从而求出传输时延 t_{pd}。

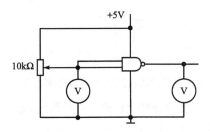

图2-8 电压传输特性曲线测试电路

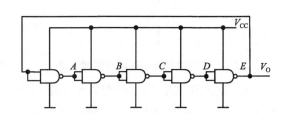

图2-9 TTL 门电路 t_{pd} 测试电路

2. 提高部分

（1）CMOS 与非门的参数测试

1）电压传输特性测试。选用型号为 CD4011 的集成电路，引脚排列及门电路逻辑符号如图2-10 所示，实验时按图2-11 连接电路[⊖]，将实验数据记录在表2-5 中。

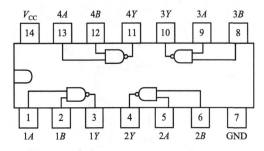

图2-10 CD4011B 引脚排列及逻辑符号

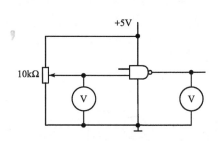

图2-11 CMOS 与非门电压传输特性测试电路

CMOS 所有多余的输入端均不能悬空，包括用到的和没有用到的门的输入端。

表2-5　电压测量记录　　　　　　　　　（单位：V）

V_I	0	1.0	2.0	2.2	2.3	2.35	2.4	2.45	2.50	2.55	2.6	2.7	2.8	3.0	5.0
V_O															

2）传输时延 t_{pd} 的测试。t_{pd} 是衡量门电路开关速度的参数，它是指输入波形边沿的 $0.5V_m$ 至输出波形对应边沿 $0.5V_m$ 点的时间间隔，如图2-3所示。t_{pHL} 为导通延迟时间，t_{pLH} 为截止延迟时间，平均传输延迟时间为 $t_{pd}=0.5(t_{pHL}+t_{pLH})$。其测试电路如图2-12所示，选中 CD4011B 一个与非门，输入端接入 $f \geq 100kHz$ 的矩形波，用双踪示波器观察输入、输出波形，测出 t_{pHL} 及 t_{pLH}，计算出传输时延 t_{pd}。

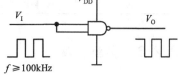

图2-12　CMOS门电路 t_{pd} 测试电路

（2）用 Multisim 仿真软件设计 TTL 逻辑门电路的传输时延 t_{pd} 测试电路，并用软件仿真该电路求其传输时延 t_{pd}。

2.1.5　思考题

1. 实验用 TTL74LS 系列集成电路电源电压的范围是多少？

2. 为什么说与非门是万能门？试说明如何用二输入与非门实现与、或、非逻辑关系。

3. 对于 TTL 门电路，输入端悬空相当于什么电平？多余的输入端，在实际接线中应如何处理？

4. 扇出系数 N_O 表示什么含义？怎样求得？在求 N_O 中可以把 I_{IL} 用 I_{IH} 替代吗？为什么？

5. 推拉式 TTL 逻辑门输出端能否并联使用？为什么？

6. COMS 门电路的多余输入端一般怎样处理？

2.2　TTL 集电极开路门和三态门逻辑功能测试及应用

2.2.1　实验目的

（1）掌握 TTL 集成 OC 门电路的特性与使用方法。

（2）了解 OC 门集电极负载电阻 R_L 对集电极开路门的影响，学会如何选择 R_L 值。

（3）掌握 TTL 三态门电路的应用。

2.2.2　实验仪器与器件

本实验所需仪器及器件如表2-6所示。

表2-6　实验所需仪器及器件

序号	仪器或器件名称	型号或规格	数量
1	双踪示波器		
2	逻辑实验箱		
3	指针式万用表		
4	四-2 输入与非 OC 门		
5	三态输出四总线缓冲器		
6	PC 和仿真软件		

2.2.3　实验原理

数字系统中有时需要把两个或两个以上集成逻辑门的输出端直接并接在一起，实现一定的逻辑功能。对于普通的 TTL 门电路，由于输出级采用了推拉式输出电路，无论输出是高电平还是低电平，输出阻抗都很低。因此，一般 TTL 门电路不允许将它们的输出端并接在一起使用。集电极开路门（Open Collector Gate，OC 门）的输出端处于开路状态，使用时在输出端与电源之间接一个适当的电阻，这样就可以使得输出端与输出端直接接在一起。直接接在一起的 OC 门具有实现"线与"的功能。

1. OC 门

OC 门和普通 TTL 门（如图 2-13 所示）的区别在于，输出端的集电极处于开路状态（如图 2-14 所示），使用时需在输出端接一个适当的电阻至电源。

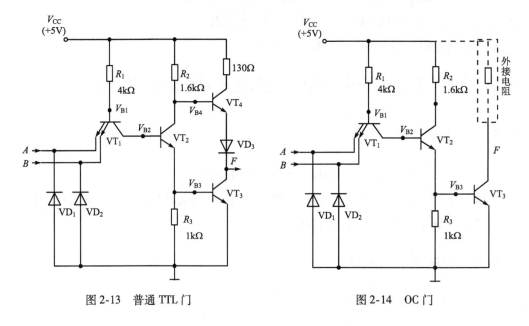

图 2-13　普通 TTL 门　　　　　　　　图 2-14　OC 门

在功能上，允许将 OC 门的输出端直接接在一起使用，实现"线与"功能。本实验采用的集电极开路与非门是四-2 输入与非门 74LS01，其内部电路如图 2-14 所示，引脚排列及逻辑符号如图 2-15 所示。

OC 与非门输出管 VT_3 的集电极是开路的，工作时其输出端必须接上拉电阻至电源 V_{CC}，以保证输出电平符合电路要求。几个 OC 门输出端并接时负载电阻值可由下列两式决定：

$$R_{L(min)} = \frac{V_{CC} - V_{OL(max)}}{I_{OL(max)} - NI_{IL}}; \quad R_{L(max)} = \frac{V_{CC} - V_{OH(min)}}{MI_{OH(min)} + nI_{IH}}$$

其中 M 与 N 的值如图 2-16 所示；R_L 取值要介于 $R_{L(min)}$ 和 $R_{L(max)}$ 之间，R_L 的大小还会影响输出波形的边沿时间，在工作速度较高时，R_L 取值应尽量接近于 $R_{L(min)}$；其他类型 OC 门中 R_L 的选取方法与此类同。

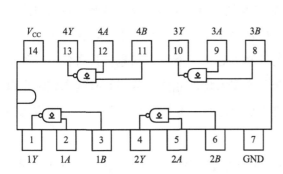

图 2-15　74LS01 引脚排列及逻辑符号

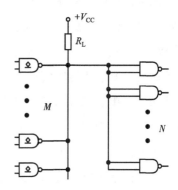

图 2-16　OC 门外部电阻计算电路

OC 门的应用主要有下述三个方面：

1）利用电路的"线与"特性方便地完成某些特定的逻辑功能；

2）实现多路信息采集，使两路以上的信息共用一个传输通道；

3）实现逻辑电平的转换，以推动荧光数码管、继电器、MOS 器件等较大电流及较高电压负载。

2. TTL 三态（Three-State Logic，TSL）门

它是在逻辑门的基础上，加上使能控制信号和控制电路构成的。一般门电路的输出只有高、低电平两种状态，但三态门电路的输出有高电平、低电平及高阻态三种状态。

三态输出门按逻辑功能及控制方式可分为几种不同的类型。本实验用 74LS126 三态输出四总线缓冲器，其引脚排列及逻辑符号如图 2-17 所示。使能控制端为 E，

当 $E=1$ 时为正常工作状态,实现 $Y=A$ 的逻辑功能;$E=0$ 时为禁止状态,输出 Y 呈高阻态。高阻态时,电路与负载之间相当于开路。输出端对地电阻和对电源端电阻都近似为无穷大。

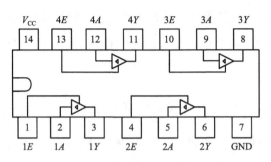

图 2-17　74LS126 引脚排列及逻辑符号

三态门电路主要用途之一是实现总线传输,即用一个传输通道传送多路信息。如图 2-18 所示,电路工作时,各门电路控制端仅有一个处于有效状态,各门电路控制端轮流有效,将各门电路的输出信号轮流送至总线上而互不干扰。在使用时,一定要做到只有需要传输信息的三态门的控制端处于使能有效状态,其余各门皆处于禁止状态。由于三态门输出电路结构与普通 TTL 电路相同,若同时有两个或两个以上三态门的控制端处于使能有效态,将出现与普通 TTL 门"线与"运用时同样的问题,因而这是不允许的。

三态门还可以实现信号双向传输,如图 2-19 所示。其工作过程是:当 $C=1$ 时,门 G1 正常工作,门 G2 处于高阻状态,信号 $A1$ 经门 G1 送至总线上;当 $C=0$ 时,门 G1 处于高阻状态,门 G2 正常工作,将总线上的信号经门 G2 传递到 A_0。

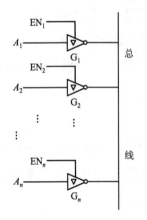

图 2-18　三态门实现分时传递信号

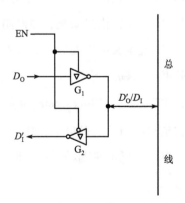

图 2-19　三态门实现双向传递信号

2.2.4 实验内容

1. 基础实验部分

（1）TTL OC 与非门 74LS01 负载电阻 R_L 的确定

两个 TTL OC 与非门线与后驱动两个 TTL 与非门，按图 2-20 连接实验电路。图 2-20 中负载电阻由 1 个 200Ω 电阻和一个 20kΩ 电位器串接而成。取 $V_{CC} = 5V$，$V_{OH(min)} = 3.4V$，$V_{OL(max)} = 0.4V$，OC 与非门输入端接逻辑开关，接通电源，用逻辑开关改变两个 OC 门的输入 A_1B_1 和 A_2B_2，使 OC 门线与输出 V_0 为高电平，调节 R_P，使 $V_{OH} = 3.4V$，测得此时的 R_L 值即为 R_{Lmax}，再使 OC 门线与输出 V_0 为低电平，调节 R_P，使 $V_{OL} = 0.4V$，测得此时的 R_L 即为 R_{Lmin}。根据 $R_{Lmin} \leqslant R_L \leqslant R_{Lmax}$ 选取合适的 R_L 值。

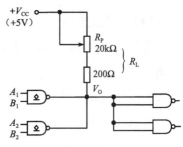

图 2-20 OC 与非门外接电阻的计算

（2）TTL OC 与非门 74LS01 芯片的功能测试

验证 74LS01 芯片中两个 OC 与非门并联时，是否实现"线与"的功能。按图 2-21 连接电路，将实验结果记录在表 2-7 中。

表 2-7 OC 门逻辑功能测试表

输入		输出	
$D_1 D_2$	$D_3 D_4$	$F_1 F_2$	F
00	00		
00	11		
11	00		
11	11		

（3）三态门功能测试

按照图 2-22 将三态输出门 74LS126 输入端 A 接逻辑开关，控制端 EN 接另一逻辑开关，输出端 Y 接 LED 指示灯。当输出 Y 接上拉电阻或者下拉电阻时，改变输入 A 的电平，测出当 EN = 1 或 0 时，输出 Y 与输入 A 之间的逻辑关系。将实验结果填入表 2-8 中。

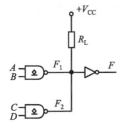

图 2-21 OC 门输出实现线与功能

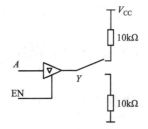

图 2-22 三态门功能测试

表2-8　三态门功能测试表

输入			输出电压（V）	输出逻辑电平
输出端	EN	A	Y	Y
接上拉电阻	0	0		
		1		
	1	0		
		1		
接下拉电阻	0	0		
		1		
	1	0		
		1		

（4）三态门的应用

按图2-23连接电路，接通电源，各输入信号如图2-23所示，首先使三个控制端均为"0"，然后轮流使其中之一为"1"。分别用双踪示波器观察，并记录输入输出波形，分析其结果。

2. 提高部分

（1）用OC门实现异或功能，要求画出实验电路图，记录数据验证其逻辑功能。

（2）用Multisim仿真软件来完成实验内容基础实验部分（4）。

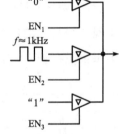

图2-23　三态门的应用

2.2.5　思考题

1. 门电路的输出结构有几种形式？哪些结构的输出可以并联使用？使用时有哪些注意事项？

2. TTL OC门使用时为何必须外接电阻 R_L？

3. 在使用总线传输时，总线上能不能同时接OC门和三态门？为什么？

4. 在用三态门实现三路信号分时传递的总线实验中，如果在同一个时刻，有两个或者两个以上的三态门的控制端处在使能有效状态，将会出现什么后果？

2.3　编码器、译码器的应用

2.3.1　实验目的

（1）熟悉编码器、译码器的工作原理和使用方法。

（2）掌握中规模集成编码器、译码器的逻辑功能及应用。

（3）掌握编码器的设计方法及应用。

（4）熟悉数码管的工作原理及使用方法。

2.3.2 实验仪器与器件

本实验所需仪器及器件如表2-9所示。

表2-9 实验所需仪器及器件

序号	仪器或器件名称	型号或规格	数量
1	逻辑实验箱		
2	双踪示波器		
3	指针式万用表		
4	8线-3线编码器		
5	3线-8线译码器		
6	七段译码驱动器		
7	二－4输入与非门		
8	三－3输入与非门		
9	PC和仿真软件		

2.3.3 实验原理

在数字系统中，编码器和译码器都是常用的组合逻辑电路。编码器就是实现编码操作的电路，即将输入的高、低电平信号编成一个对应的二进制码。按照被编码信号的不同特点和要求，编码器也可以分为二进制编码器、二－十进制编码器和优先编码器。译码器是编码的逆过程，其功能是将每个输入的代码进行"翻译"，译成对应的输出高、低电平信号。按用途分类可以分为变量译码器、码制变换译码器和显示译码器。

1. 编码器

由门电路来设计一个编码器。例如设计一个4线-2线编码器。

第一步，根据题意列真值表，如表2-10所示。

表2-10 4线-2线编码器真值表

输入				输出	
I_3	I_2	I_1	I_0	Y_1	Y_0
0	0	0	1	0	0
0	0	1	0	0	1
0	1	0	0	1	0
1	0	0	0	1	1

第二步，由真值表写出逻辑表达式。

$$\begin{cases} Y_1 = \bar{I}_3 I_2 \bar{I}_1 \bar{I}_0 + I_3 \bar{I}_2 \bar{I}_1 \bar{I}_0 \\ Y_0 = \bar{I}_3 \bar{I}_2 I_1 \bar{I}_0 + I_3 \bar{I}_2 \bar{I}_1 \bar{I}_0 \end{cases}$$

第三步，画出逻辑图。

最后把函数变换为与非门和非门形式的表达式，得到 4 线-2 线编码器的电路如图 2-24 所示。

典型集成芯片 74LS148 是 8 线-3 线优先编码器，其引脚图如图 2-25 所示，其真值表如表 2-11 所示。

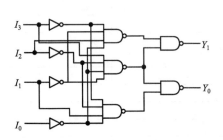

图 2-24　4 线-2 线编码器电路图

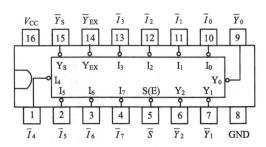

图 2-25　74LS148 引脚图

表 2-11　8 线-3 线优先编码器的真值表

输入端									输出端				
$\bar{S}$	$\bar{I}_0$	$\bar{I}_1$	$\bar{I}_2$	$\bar{I}_3$	$\bar{I}_4$	$\bar{I}_5$	$\bar{I}_6$	$\bar{I}_7$	$\bar{Y}_2$	$\bar{Y}_1$	$\bar{Y}_0$	Y_S	$\bar{Y}_{EX}$
1	×	×	×	×	×	×	×	×	1	1	1	1	1
0	1	1	1	1	1	1	1	1	1	1	1	0	1
0	×	×	×	×	×	×	×	0	0	0	0	1	0
0	×	×	×	×	×	×	0	1	0	0	1	1	0
0	×	×	×	×	×	0	1	1	0	1	0	1	0
0	×	×	×	×	0	1	1	1	0	1	1	1	0
0	×	×	×	0	1	1	1	1	1	0	0	1	0
0	×	×	0	1	1	1	1	1	1	0	1	1	0
0	×	0	1	1	1	1	1	1	1	1	0	1	0
0	0	1	1	1	1	1	1	1	1	1	1	1	0

2. 译码器

译码器是一个多输入、多输出的组合逻辑电路。它的作用是对输入代码进行"翻译"，使输出通道中相应的一路或多路有信号输出。有效电平可以是高电平（称为高电平译码），也可以是低电平（称为低电平译码）。一般有以下几类：

1）二进制译码器，一般具有 n 个输入端、2^n 个输出端和一个（或多个）使能输入端；

2）码制变换器，用于一个数据的不同代码之间的相互转换，如 BCD 码二 - 十进制译码器、格雷码与二进制码之间的转换的译码器等；

3）显示译码器，是用来驱动各种数字、文字或符号的显示器，如共阴极 BCD-七段显示译码器和共阳极 BCD- 七段显示译码器等。常见的有 2 线-4 线译码器、3 线-8 线译码器和 4 线-16 线译码器等。图 2-26、图 2-27 所示分别是 3 线-8 线译码器 74LS138 的引脚图和逻辑符号。

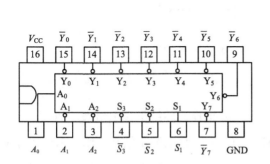

图 2-26 74LS138 译码器引脚图

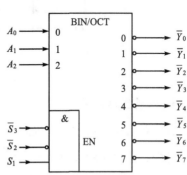

图 2-27 74LS138 逻辑符号

译码器典型应用之一是实现组合逻辑电路。例如用 3 线-8 线译码器 74LS138 和门电路设计 1 位二进制全减器电路。输入为被减数、减数和来自低位的借位，输出为两数之差 D 和本位向高位的借位信号 CO。

分析题意可得真值表，如表 2-12 所示，从真值表可以得到 D 和 CO 的表达式：

$$\begin{cases} D = AB\mathrm{CI} + \bar{A}\bar{B}\mathrm{CI} + \bar{A}B\overline{\mathrm{CI}} + A\bar{B}\overline{\mathrm{CI}} = \overline{\overline{AB\mathrm{CI}} + \overline{\bar{A}\bar{B}\mathrm{CI}} + \overline{\bar{A}B\overline{\mathrm{CI}}} + \overline{A\bar{B}\overline{\mathrm{CI}}}} = \overline{\bar{Y}_7\,\bar{Y}_4\,\bar{Y}_2\,\bar{Y}_1} \\ \mathrm{CO} = AB\mathrm{CI} + \bar{A}B\mathrm{CI} + \bar{A}B\overline{\mathrm{CI}} + \bar{A}\bar{B}\mathrm{CI} = \overline{\overline{AB\mathrm{CI}} + \overline{\bar{A}B\mathrm{CI}} + \overline{\bar{A}B\overline{\mathrm{CI}}} + \overline{\bar{A}\bar{B}\mathrm{CI}}} = \overline{\bar{Y}_7\,\bar{Y}_3\,\bar{Y}_2\,\bar{Y}_1} \end{cases}$$

由此可见用 3 线-8 线译码器可以实现上述电路，如图 2-28 所示，从上例中可以看出 3 线-8 线译码器可以实现多输出函数。

表 2-12 全减器真值表

输入			输出	
A	B	CI	D	CO
0	0	0	0	0
0	0	1	1	1
0	1	0	1	1
0	1	1	0	1
1	0	0	1	0
1	0	1	0	0
1	1	0	0	0
1	1	1	1	1

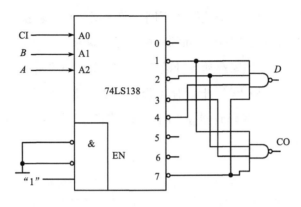

图2-28　用74LS138实现全减器电路

3. 数码显示译码器

在一些数字系统中，不仅需要译码，还需要把译码的结果显示出来。例如，在计数系统中，需要显示计数结果，在测量仪表中，需要显示测量结果。用显示译码器驱动显示器件，就可以达到显示数据的目的。目前广泛使用的显示器件是七段数码显示器，七段数码显示器由a~g七段可发光的线段拼合而成，控制各段的亮或灭，即可以显示不同的字符或数字。七段数码显示器有半导体数码显示器和液晶显示器两种。

（1）七段发光二极管（LED）数码管

图2-29是半导体七段数码管BS201A的内部结构，图2-30是半导体数码管的外形及编码规则，这种数码管的每个段都是一个发光二极管（Light Emitting Diode, LED）。二极管LED的正极称为阳极，负极称为阴极。当LED加上正向电压时，发光二极管发光。有的数码管的右下角还增设了一个小数点，形成八段显示。由BS201A的等效电路可见，构成数码管的七只LED的阴极是连接在一起的，属于共阴结构。如果把七只LED的阳极连接在一起，则属于共阳结构。

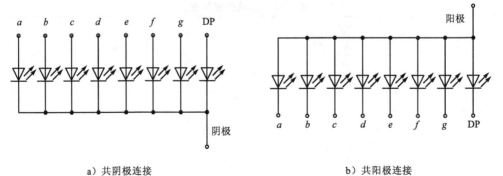

a）共阴极连接　　　　　　　　　　　　b）共阳极连接

图2-29　半导体数码管的内部结构

LED 数码管可用来显示一位 0～9 十进制数和一个小数点，如图 2-30 所示。每段发光二极管的正向压降通常约为 2～2.5V，每个发光二极管的点亮电流在（5～10）mA。LED 数码管要显示 BCD 码所表示的十进制数字就需要有一个专门的译码器，该译码器不但要完成译码功能，还要有相当的驱动能力。

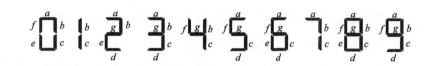

图 2-30　半导体数码管的外形图及编码规则

（2）BCD 码七段译码驱动器

BCD 码七段译码驱动器型号有 74LS47（共阳结构），74LS48（共阴结构），CC4511（共阴结构）等。本实验采用 74LS48 BCD 七段译码、驱动器，驱动共阴极 LED 数码管。A_3～A_0 是 8421BCD 码输入端，Ya～Yg 是输出端，为七段显示器件提供驱动信号。显示器件根据输入的数据，可以分别显示数字 0～9。

74LS48 除了完成译码驱动的功能外，还附加了灯测试输入 $\overline{LT}$、消隐输入 $\overline{BI}$，灭零输入 $\overline{RBI}$ 和灭零输出 $\overline{RBO}$ 等控制信号。由功能表 2-13 可见，当灯测试输入 $\overline{LT}=0$ 时，无论输入 A_3～A_0 的状态如何，输出 Ya～Yg 全部为高电平，使被驱动的数码管七段全部点亮。因此，$\overline{LT}=0$ 信号可以检查数码能否正常发光。

表 2-13　共阴极七段显示译码器 74LS48 的译码表（0～9）

输入				输出		字型
数字	$\overline{LT}$ $\overline{RBI}$		$A_3 A_2 A_1 A_0$	$\overline{BI}/\overline{RBO}$	$Y_a Y_b Y_c Y_d Y_e Y_f Y_g$	
0	1	1	0 0 0 0	1	1 1 1 1 1 1 0	$\square$
1	1	×	0 0 0 1	1	0 1 1 0 0 0 0	
2	1	×	0 0 1 0	1	1 1 0 1 1 0 1	
3	1	×	0 0 1 1	1	1 1 1 1 0 0 1	
4	1	×	0 1 0 0	1	0 1 1 0 0 1 1	
5	1	×	0 1 0 1	1	1 0 1 1 0 1 1	
6	1	×	0 1 1 0	1	1 0 1 1 1 1 1	
7	1	×	0 1 1 1	1	1 1 1 0 0 0 0	
8	1	×	1 0 0 0	1	1 1 1 1 1 1 1	
9	1	×	1 0 0 1	1	1 1 1 1 0 1 1	

（续）

输入			输出		字型
数字	$\overline{\text{LT}}$ $\overline{\text{RBI}}$	$A_3 A_2 A_1 A_0$	$\overline{\text{BI}}/\overline{\text{RBO}}$	$Y_a Y_b Y_c Y_d Y_e Y_f Y_g$	
消隐	× ×	× × × ×	0	0 0 0 0 0 0 0	
灭零	1 0	0 0 0 0	1	0 0 0 0 0 0 0	8
灯测试	0 ×	× × × ×	1	1 1 1 1 1 1 1	

当消隐输入 $\overline{\text{BI}} = 0$ 时，无论输入 $A_3 \sim A_0$ 的状态如何，输出 $Ya \sim Yg$ 全部为低电平，使被驱动的数码管七段全部熄灭。

当 $A_3 A_2 A_1 A_0 = 0000$ 时，本应显示数码 0，如果此时灭零输入 $\overline{\text{RBI}} = 0$，则使显示的 0 熄灭。设置灭零输入信号的目的是为了能将不希望显示的 0 熄灭。例如，对于十进制数来说，整数部分不代表数值的高位 0 和小数部分不代表数值的低位 0，都是不希望显示的，可以用灭零输入信号将它们熄灭掉。将灭零输出 $\overline{\text{RBO}}$ 与灭零输入 $\overline{\text{RBI}}$ 配合使用，可以实现多位数码显示的灭零控制。

2.3.4 实验内容

1. 基础实验部分

（1）测试 8 线-3 线优先编码器 74LS148 的逻辑功能，结果填入表 2-14。

表 2-14　验证 8 线-3 线优先编码器 74LS148 的逻辑功能表

输入端									输出端				
$\overline{S}$	$\overline{I_0}$	$\overline{I_1}$	$\overline{I_2}$	$\overline{I_3}$	$\overline{I_4}$	$\overline{I_5}$	$\overline{I_6}$	$\overline{I_7}$	$\overline{Y_2}$	$\overline{Y_1}$	$\overline{Y_0}$	Y_S	$\overline{Y_{EX}}$
1	×	×	×	×	×	×	×	×					
0	1	1	1	1	1	1	1	1					
0	×	×	×	×	×	×	×	0					
0	×	×	×	×	×	×	0	1					
0	×	×	×	×	×	0	1	1					
0	×	×	×	×	0	1	1	1					
0	×	×	×	0	1	1	1	1					
0	×	×	0	1	1	1	1	1					
0	×	0	1	1	1	1	1	1					
0	0	1	1	1	1	1	1	1					

（2）病房优先呼叫器

每一个病房有一个按键，当 1 号键按下时，1 灯亮，且其他按键不起作用；当 1 号键没按下时，2 号键按下，2 灯亮，且不响应 3 号键；只有 1 号、2 号键均没有按下，3号键按下，3灯亮。要求用门电路或者译码器等中规模器件设计电路并验证其功能。

（3）用译码器实现多输出函数

用1片74LS138和1片74LS20设计A、B、C三变量的两组输出函数Z_1和Z_2。即当A、B、C中有奇数个1时，输出$Z_1=1$，否则$Z_1=0$；当A、B、C的值（十进数）为偶数（不含0）时，输出$Z_2=1$，否则$Z_2=0$。要求列出Z_1、Z_2的逻辑表达式，用74LS138和74LS20实现其功能。

（4）用74LS153构成2线-4线译码器，要求写出设计过程，画出电路图。

2. 提高部分

（1）用74LS138设计判决电路。判决电路由一名主裁判和两名副裁判来决定比赛成绩，在主裁判同意并且两名副裁判中至少有一名同意的条件下，比赛成绩才被认可。

（2）用门电路设计四位格雷码到四位二进制码的转换电路，要求写出设计过程，画出电路图。

（3）用Multsim软件来设计和仿真实验提高部分实验（2）。

2.3.5 思考题

1. 用于驱动共阳极数码管的译码驱动器，它的输出是高电平有效，还是低电平有效？驱动共阴极的呢？
2. 如何将两个3线-8线译码器扩展成一个4线-16线的译码器？
3. 写出共阴极七段数码显示管的0~9、A~F对应的译码。

2.4 数据选择器的应用

2.4.1 实验目的

（1）了解数据选择器的电路结构和特点。
（2）掌握数据选择器的逻辑功能和测试方法。
（3）掌握数据选择器的基本应用。

2.4.2 实验仪器与器件

本实验所需仪器及器件如表2-15所示。

表 2-15   实验所需仪器与器件

序号	仪器或器件名称	型号或规格	数量
1	逻辑实验箱		
2	指针式万用表		
3	八选一数据选择器		
4	四选一数据选择器		
5	六反相器		
6	四-2 输入与非门		
7	PC 机和仿真软件		

2.4.3   实验原理

数据选择器又称为多路开关，是一种重要的组合逻辑部件。它是一个多路输入、单路输出的组合电路，能在通道选择信号（或称地址码）的控制下，从多路数据传输中选择任何一路信号输出。在数字系统中，经常利用数据选择器将多条传输线上的不同数字信号，按要求选择其中之一送到公共数据线上。另外，数据选择器还可以完成其他的逻辑功能，例如函数发生器、桶形移位器、并/串转换器、波形产生器等。

1. 用门电路设计四选一数据选择器

四选一数据选择器表达式为 $Y = \overline{A_1}\,\overline{A_0}d_0 + \overline{A_1}A_0d_1 + A_1\overline{A_0}d_2 + A_1A_0d_3$，由表达式可以得到当 $A_1A_0 = 00$ 时，$Y = d_0$；$A_1A_0 = 01$ 时，$Y = d_1$；$A_1A_0 = 10$ 时，$Y = d_2$；$A_1A_0 = 11$ 时，$Y = d_3$，这样就起到数据选择的作用。同时由表达式可以直接用门电路设计出数据选择器电路，该电路如图 2-31 所示。

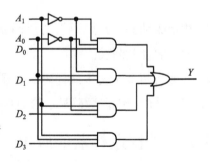

图 2-31   门电路实现的四选一数据选择器

2. 双四选一数据选择器 74LS153 的应用

74LS153 数据选择器集成了两个四选一数据选择器，外形为双列直插，引脚排列如图 2-32 所示，逻辑符号如图 2-33 所示，其中 D_0、D_1、D_2、D_3 为数据输入端，Q 为输出端，A_0、A_1 为数据选择器的控制端（地址码），同时控制两个数据选择器的输出，$\overline{S}$ 为工作状态控制端（使能端），74LS153 的功能表见表 2-16。

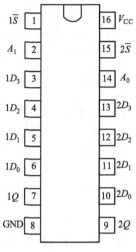

图 2-32 74LS153 引脚图

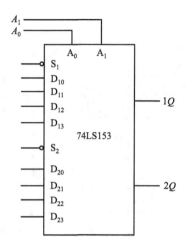

图 2-33 74LS153 逻辑符号

表 2-16 74LS153 功能表

输入			输出	
$\overline{S}$	A_1	A_0	$1Q$	$2Q$
1	×	×	0	0
0	0	0	$1D_0$	$2D_0$
0	0	1	$1D_1$	$2D_1$
0	1	0	$1D_2$	$2D_2$
0	1	1	$1D_3$	$2D_3$

用数据选择器74LS153实现组合逻辑函数设计举例如下。

当变量数等于地址端的数目时，则直接可以用数据选择器来实现逻辑函数。现设逻辑函数 $F(X, Y) = \sum m(1, 2)$，则可用一个四选一完成，根据数据选择器的定义：$Q(A_1, A_0) = \overline{A}_1\overline{A}_0 D_0 + \overline{A}_1 A_0 D_1 + A_1\overline{A}_0 D_2 + A_1 A_0 D_3$，令 $A_1 = X$，$A_0 = Y$，$1\overline{S} = 0$（使能信号，低电平有效），$1D_0 = 1D_3 = 0$，$1D_1 = 1D_2 = 1$，那么输出 $Q = F$。

当变量数大于地址端的数目时，可采用降维或者集成芯片扩展的方式。例如用一块74LS153实现一位全加器，一位全加器的逻辑函数表达式为

$$\begin{cases} S(A,B,\mathrm{CI}) = \sum m(1,2,4,7) \\ \mathrm{CO}(A,B,\mathrm{CI}) = \sum m(3,5,6,7) \end{cases}$$

以 CI 为图记变量，降维后 A、B 作为数据选择器的地址端 A_1、A_0，输出 $1Q = S$，$2Q = \mathrm{CO}$，卡诺图如图 2-34 和图 2-35 所示，得到数据输入：$1D_0 = \mathrm{CI}$，$1D_1 = \overline{\mathrm{CI}}$，$1D_2 = \overline{\mathrm{CI}}$，$1D_3 = \mathrm{CI}$，$2D_0 = 0$，$2D_1 = \mathrm{CI}$，$2D_2 = \mathrm{CI}$，$2D_3 = 1$，构成的逻辑电路如图 2-36所示。

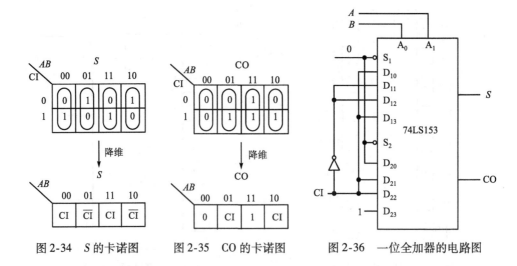

图 2-34　S 的卡诺图　　　图 2-35　CO 的卡诺图　　　图 2-36　一位全加器的电路图

3. 八选一数据选择器 74LS151 的应用

74LS151 外形为双列直插，引脚排列如图 2-37 所示，逻辑符号如图 2-38 所示。其中 D_0、D_1、D_2、D_3、D_4、D_5、D_6、D_7 为数据输入端，Q 为输出端，A_0、A_1、A_2 为数据选择器的控制端（地址码），控制数据选择器的数据输出，EN 为工作状态控制端（使能端），74LS151 的功能表见表 2-17。八选一数据选择器的表达式为

$$Q(A_2,\ A_1,\ A_0) = \bar{A}_2\,\bar{A}_1\,\bar{A}_0 D_0 + \bar{A}_2\,\bar{A}_1 A_0 D_1 + \bar{A}_2 A_1\,\bar{A}_0 D_2 + \bar{A}_2 A_1 A_0 D_3 + A_2\,\bar{A}_1\,\bar{A}_0 D_4$$
$$+ A_2\,\bar{A}_1 A_0 D_5 + A_2 A_1\,\bar{A}_0 D_6 + A_2 A_1 A_0 D_7$$

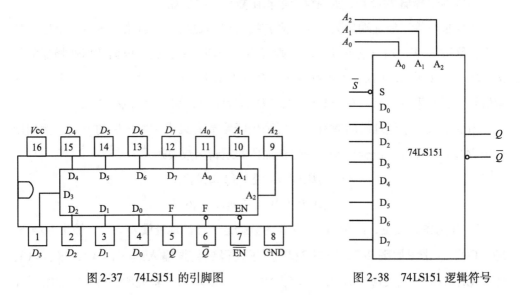

图 2-37　74LS151 的引脚图　　　　图 2-38　74LS151 逻辑符号

用数据选择器 74LS151 实现组合逻辑函数举例如下。

表 2-17　74LS151 功能真值表

输入				输出
$\overline{EN}$	A_2	A_1	A_0	Q
1	×	×	×	0
0	0	0	0	D_0
0	0	0	1	D_1
0	0	1	0	D_2
0	0	1	1	D_3
0	1	0	0	D_4
0	1	0	1	D_5
0	1	1	0	D_6
0	1	1	1	D_7

当变量数与地址码的数量一致，不需要降维或者扩展。例如逻辑函数 $F(X, Y, Z) = \sum(1, 2, 4, 7)$，令 $A_2 = X$，$A_1 = Y$，$A_0 = Z$，$EN = 0$（使能端，低电平有效），$D_1 = D_2 = D_4 = D_7 = 1$，$D_0 = D_3 = D_5 = D_6 = 0$，那么输出 $Q = F$。

当逻辑函数的输入变量数超过了数据选择器的地址控制端位数时，则必须进行逻辑函数降维或者集成芯片扩展。例如用一块 74LS151 实现四位奇偶校验码，当输入变量中有偶数个 1 时，输出为 1，否则输出为 0。

根据题意，列出真值表，真值表和卡诺图如表 2-18 和图 2-39 所示，降维后即可得到电路如图 2-40 所示。

表 2-18　奇偶校验码真值表

输入				输出
A	B	C	D	F
0	0	0	0	0
0	0	0	1	0
0	0	1	0	0
0	0	1	1	1
0	1	0	0	0
0	1	0	1	1
0	1	1	0	1
0	1	1	1	0
1	0	0	0	0
1	0	0	1	1
1	0	1	0	1
1	0	1	1	0
1	1	0	0	1
1	1	0	1	0
1	1	1	0	0
1	1	1	1	1

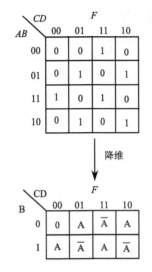

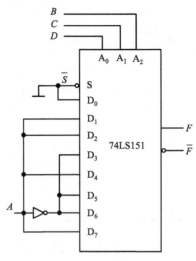

图2-39　卡诺图和降维卡诺图　　　　　　　图2-40　电路图

4. 数据选择器的扩展

有些 MUX 采用 3S（即三态）输出结构，这样就为扩展提供了方便。例如用两片 74LS151 扩展成十六选一的数据选择器，如图 2-41 所示。

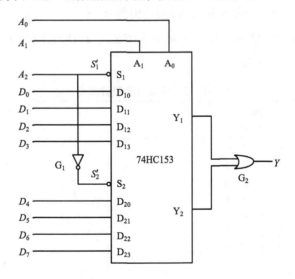

图2-41　数据选择器的扩展

5. 数据选择器的综合应用

数据选择器与分频器结合产生一组不同频率的选择器。如图 2-42 所示，有一振荡频率为 10MHz 具有较高频率稳定度的晶体振荡器，晶振输出的方波再经 8 级十分频器，就能同时获得频率从 1MHz 到 0.1Hz 的 8 种方波信号，供实验电路选择。这种选择完全由数据选择器的地址码 $A_2A_1A_0$ 来决定。

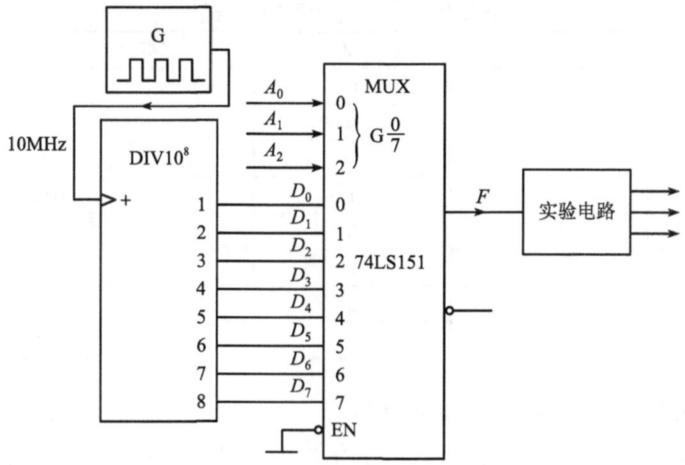

图 2-42 数据选择器的典型应用

2.4.4 实验内容

1. 基础实验部分

（1）验证 74LS151 的逻辑功能

按表所列测试，特别注意所测芯片 A_2、A_1、A_0 哪一个是高位，EN 端是否低电平有效，当芯片封锁时，输出是什么电平。将实验结果记录在表 2-19 中。

表 2-19 验证 74LS151 的逻辑功能

输入				输出	
$\overline{EN}$	A_2	A_1	A_0	Q	$\overline{Q}$
1	×	×	×		
0	0	0	0		
0	0	0	1		
0	0	1	0		
0	0	1	1		
0	1	0	0		
0	1	0	1		
0	1	1	0		
0	1	1	1		

（2）用 74LS153 实现一位全加器

用一块 74LS153 及门电路实现一位全加器，输入用 3 个开关分别代表 A、B、CI，输出用 2 个指示灯分别代表 CO、S1。要求写出设计过程，画出逻辑图，并按

表2-20要求改变开关状态，观察2个指示灯的变化，记录结果。

表2-20   一位全加器实验结果

A	B	CI	CO	S1
0	0	0		
0	0	1		
0	1	0		
0	1	1		
1	0	0		
1	0	1		
1	1	0		
1	1	1		

（3）用数据选择器实现组合逻辑函数

用八选一数据选择器或者四选一数据选择器设计一个电路，该电路有3个输入逻辑变量A、B、C和1个工作状态控制变量M，当$M=0$时电路实现"意见一致"功能（A、B、C状态一致输出为1，否则输出为0），而$M=1$时电路实现"多数表决"功能，即输出与A、B、C中多数的状态一致。

（4）用74LS153扩展成一个八选一的数据选择器，再实现基础实验（3），要求写出设计过程，画出电路图。

2. 提高部分

（1）利用八选一数据选择器或四选一数据选择器实现一个输血者血型和受血者血型符合输血规则的电路，输血规则如图2-43所示。

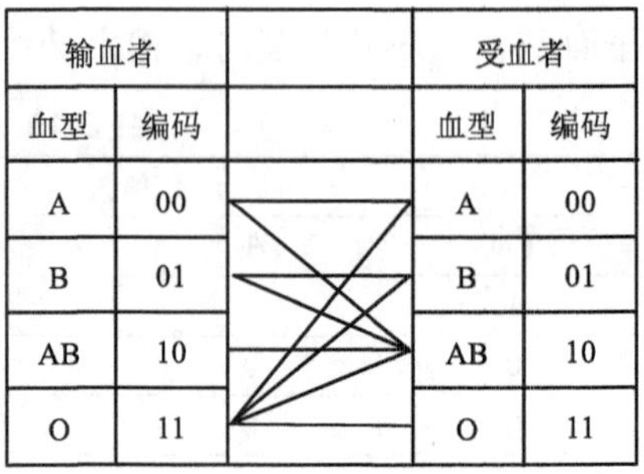

从规则可知，A型血能输给A、AB型，B型血能输给B、AB型，AB型血只能输给AB型，O型血能输给所有四种血型。设输血者血型编码是X_1X_2，受血者血型编码是X_3X_4，符合输血血型规则时，电路输出F为1，否则为0。

图2-43   输血规则

（2）试用八选一数据选择器74LS151或者四选一数据选择器74LS153和适当的门电路设计一个路灯控制电路。要求在四个不同的地点都能独立地开灯和关灯。写出设计过程，并且验证设计结果是否正确。（提示：可以把四个地点的开关当作四个变量，当变量为奇数个1时，路灯亮，偶数个1时路灯灭。）

（3）利用74LS151数据选择器实现判断电路。

学生选修课程及学分如表2-21所示，每个学生至少必须选满6个学分，但是

A、B 课程因时间冲突，不能同时选上。利用数据选择器实现判断电路，满足要求时输出 Y 为 1，否则为 0。写出设计过程，并且验证设计结果是否正确。

表 2-21 课程学分表

课程	学分
A	5
B	4
C	3
D	2
E	1

（4）用两块 74LS153 和一个七段数码管（实验箱上提供，已有译码器）构成数据显示器，实验要求电路在任意时刻能显示 1（**0001**）、6（**0110**）、9（**1001**）、8（**1000**）四个数据之一，由地址码控制串行显示。

（5）用 74LS153 来实现提高部分（3）。

（6）用 Multsim 软件来设计和仿真提高部分（3）和（5）。

2.4.5 思考题

1. 说明数据选择器的地址输入端和选通端各有什么作用？

2. 如何用 74LS151 设计 4 位奇偶校验电路？

3. 如何用 74LS151 实现 10110111 序列信号？

4. 数据选择器地址端的权重高低与被选函数输入数据有什么联系？

2.5 全加器的应用

2.5.1 实验目的

（1）了解算术运算电路的结构。

（2）掌握半加器、全加器二者之间的区别和联系。

（3）掌握 74LS283 先行进位全加器的逻辑功能和特点。

（4）掌握全加器的应用。

2.5.2 实验仪器与器件

本实验所需仪器及器件如表 2-22 所示。

表2-22　实验所需仪器及器件

序号	仪器或器件名称	型号或规格	数量
1	逻辑实验箱		
2	指针式万用表		
3	4位二进制全加器		
4	六反相器		
5	四-2输入异或门		
6	四-2输入与非门		
7	三-3输入与非门		
8	PC机和仿真软件		

2.5.3　实验原理

算术运算电路是许多数字设备的核心部件。算术运算主要有加、减、乘和除四种模式，其中以加法为最基本的算术运算，因为其他几种运算都可化作加法来实现。算术运算电路按照电路结构的不同又可以分为组合和时序式两类，选用时，主要是根据使用场合、运算速度、精度及成本等指标要求而定。本次实验以组合逻辑电路加法器为核心器件，来实现加、减运算。

1. 半加器

半加器，即不考虑低位的进位输入的加法器。竖式计算如下：

$$\begin{array}{r} A \\ + \quad B \\ \hline \mathrm{CO} \quad S \end{array}$$

例如设计一位二进制的半加器。半加器真值表如表2-23所示。

表2-23　半加器真值表

A	B	S	CO
0	0	0	0
0	1	1	0
1	0	1	0
1	1	0	1

由真值表得到 $S = \overline{A}B + A\overline{B}$，$\mathrm{CO} = AB$，由表达式得到用门电路实现的半加器电路以及半加器的逻辑符号如图2-44所示。

2. 全加器

相对半加器而言，全加器不仅要考虑两数相加，还要考虑低位向本位的进

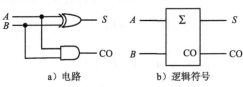

a）电路　　　　b）逻辑符号

图2-44　半加器电路及其逻辑符号

位。竖式计算如下：

$$A$$

$$B$$

$$+\quad CI(低位的进位)$$

$$\overline{\quad\quad\quad\quad\quad\quad}$$

$$CO\quad S$$

例如设计一位二进制的全加器。一位全加器的真值表如表 2-24 所示，S 和 CO 的卡诺图如图 2-45 所示，由卡诺图化简得到 S 和 CO 的表达式为 $S = \overline{A}\,\overline{B}\,CI + A B\overline{CI} + \overline{A}B\overline{CI} + ABCI$，$CO = AB + BCI + ACI$，最后得到一位全加器的电路图如图 2-46 所示，全加器的逻辑符号如图 2-47a 所示。

表 2-24　全加器真值表

输入			输出	
A	B	CI	S	CO
0	0	0	0	0
0	0	1	1	0
0	1	0	1	0
0	1	1	0	1
1	0	0	1	0
1	0	1	0	1
1	1	0	0	1
1	1	1	1	1

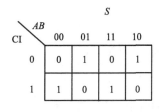

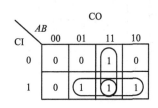

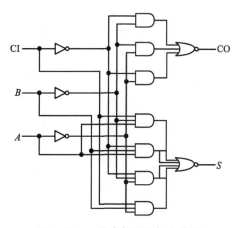

图 2-45　一位全加器卡诺图　　　　图 2-46　一位全加器逻辑电路图

由一位全加器扩展成两位的串行全加器，把低位进位输入端接地，低位的进位输出端接到高位的进位输入端，如图 2-47b 所示。另外，也可以由两个一位半加器扩展成一个一位全加器。

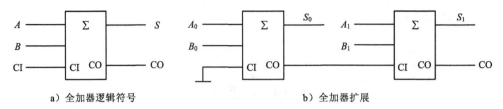

a）全加器逻辑符号　　　　　　　　b）全加器扩展

图 2-47　全加器逻辑符号及其扩展

3. 集成全加器芯片 74LS283 的应用

74LS283 是 TTL 双极型并行 4 位全加器，特点是先行进位，因此运算速度很快，其外形为双列直插，引脚排列和逻辑符号如图 2-48 所示。它有两组 4 位二进制数输入 $A_4 A_3 A_2 A_1$、$B_4 B_3 B_2 B_1$，一个低位向本位的进位输入 CI，有一组二进制数输出 $S_4 S_3 S_2 S_1$，一个最高位的进位输出 CO，该器件所完成的 4 位二进制加法运算如下：

$$
\begin{array}{cccc}
A_4 & A_3 & A_2 & A_1 \\
B_4 & B_3 & B_2 & B_1 \\
\hline
+ & & & \mathrm{CI} \\
\hline
\mathrm{CO}\ S_4 & S_3 & S_2 & S_1
\end{array}
$$

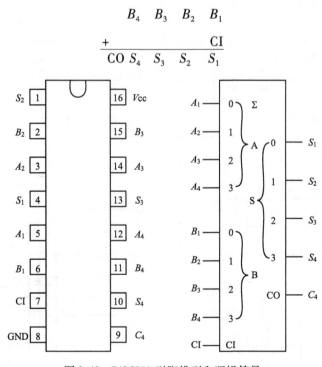

图 2-48　74LS283 引脚排列和逻辑符号

74LS283 的基本应用如下。

（1）完成 4 位二进制数加法

因为 74LS283 本身是全加器，所以可以直接进行 4 位二进制数加法，例如：$A_4 A_3 A_2 A_1 = \mathbf{1001}$，$B_4 B_3 B_2 B_1 = \mathbf{1101}$，$\mathrm{CI} = \mathbf{0}$，则输出为 $C_4 S_4 S_3 S_2 S_1 = \mathbf{10110}$。

（2）实现码组变换

有些码组变换存在加法关系，如8421BCD码转换至余3码，只要在8421BCD码基础上加3（**0011**）即可实现变换。

（3）8421BCD码加法器

由于BCD码的二进制值不超过9，故两个BCD码相加之和不会大于$9+9+1=19$（1为进位输入）。相加之和的BCD码和二进制码对应值如表2-25所示。1位BCD码要用4位二进制数来表示，但是4位二进制数与1位BCD码并不完全相应。例如对4位二进制数**1001**，若加1则为**1010**，而对8421BCD码**1001**（9）再加1后则为**10000**（10），即用4位二进制数表示1位8421BCD码时应禁止出现**1010 ~ 1111**这六个码组。因此，用74LS283二进制全加器进行BCD码运算时需要在组间进位方式上加一个校正电路，使原来的逢16进1自动校正为逢10进1。所以，进行BCD码加法时，分为两步，第一步将BCD码按二进制加法运算规则进行，第二步对运算结果进行判断，若和数大于9或有进位$CO=1$，则电路加6（0110），并在组间产生进位，若和数小于或等于9，则保留该运算结果，保留该运算结果即加0（**0000**）。二进制数6和0只有中间两位不同，可以设为$0PP0$，用校正电路使$P=0$或1来产生0或6，P的设计可由表2-26，得到卡诺图如图2-49所示，经化简得到表达式为

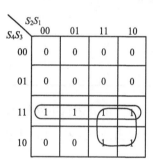

图2-49　由真值表得到的卡诺图

$$P = S_4 S_3 + S_4 S_2 + C_4$$

表2-25　两数相加之和真值表

十进制数	二进制加法器的输出（校正电路的输入）					BCD码的输出				
列	C_4	S_4	S_3	S_2	S_1	C_4	S_4	S_3	S_2	S_1
0	0	0	0	0	0	0	0	0	0	0
1	0	0	0	0	1	0	0	0	0	1
2	0	0	0	1	0	0	0	0	1	0
3	0	0	0	1	1	0	0	0	1	1
4	0	0	1	0	0	0	0	1	0	0
5	0	0	1	0	1	0	0	1	0	1
6	0	0	1	1	0	0	0	1	1	0
7	0	0	1	1	1	0	0	1	1	1
8	0	1	0	0	0	0	1	0	0	0
9	0	1	0	0	1	0	1	0	0	1
10	0	1	0	1	0	1	0	0	0	0
11	0	1	0	1	1	1	0	0	0	1

（续）

十进制数	二进制加法器的输出（校正电路的输入）				BCD 码的输出				
列	C_4	S_4	S_3	S_2	S_1	C_4	S_4	S_3	S_2	S_1
12	0	1	1	0	0	1	0	0	1	0
13	0	1	1	0	1	1	0	0	1	1
14	0	1	1	1	0	1	0	1	0	0
15	0	1	1	1	1	1	0	1	0	1
16	1	0	0	0	0	1	0	1	1	0
17	1	0	0	0	1	1	0	1	1	1
18	1	0	0	1	0	1	1	0	0	0
19	1	0	0	1	1	1	1	0	0	1

表 2-26　校正电路真值表

C_4	S_4	S_3	S_2	S_1	P
1	×	×	×	×	1
0	1	0	1	0	1
0	1	0	1	1	1
0	1	1	0	0	1
0	1	1	0	1	1
0	1	1	1	0	1
0	1	1	1	1	1

由此得到逻辑电路见图 2-50，输出低 4 位是 $L_4 L_3 L_2 L_1$，高 4 位用 1 位 L_5 表示即可，因为两个 1 位 BCD 码相加最大是 19，高位不会大于 1。其中，3 输入与非门电

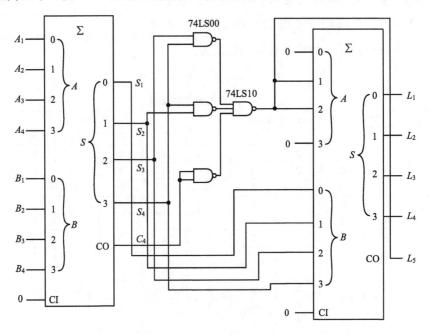

图 2-50　BCD 码加法电路图

路 74LS10 引脚排列和逻辑符号如图 2-51 所示。

（4）实现两个 4 位二进制数相减

两个 4 位二进制数相减可以看作两个带符号的 4 位二进制数相加，即原码的相减变为补码的相加，而正数的补码就是本身，负数的补码是反码加 1，这样，$A - B = A + (- B)$，就可利用 74LS283 实现减法运算。A 数照常输入，B 数通过反相器输入，加 1 可以使 $CI = 1$

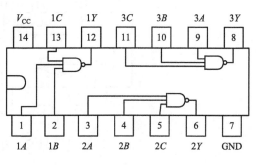

图 2-51　74LS10 引脚排列及逻辑符号

得到，这样输出的结果就是两数之差，但是这个结果为补码，要通过 CO 来判别结果的正负。例如 $7 - 3$（原码 **0111 - 0011**）转化为补码相加 **0111 + 1101 = 10100** 这里 $CO = 1$，结果为正数，补码 **0100** 等于原码，即结果为 $+4$；而 $3 - 7$（原码 **0011 - 0111**）转化为补码相加 **0011 + 1001 = 01100** 这里 $CO = 0$，结果为负数，补码 **1100** 还要再求补一次才能得到正确的原码，**1100** 求补为 **0100**，即结果为 -4。按习惯，把 CO 通过非门取反作为符号位。逻辑电路如图 2-52 所示，其中，74LS86 为四异或门，其引脚排列及逻辑符号如图 2-53 所示，74LS04 引脚排列及逻辑符号如图 2-54 所示。

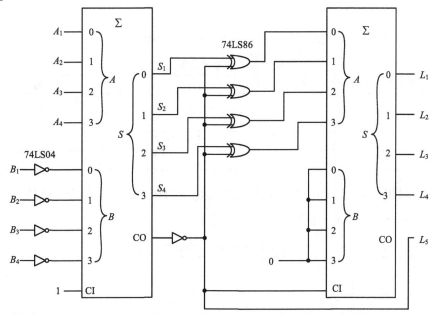

图 2-52　加法器完成的减法计算电路

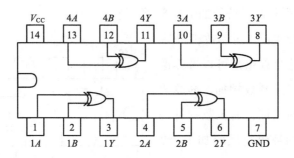

图 2-53   74LS86 引脚排列及逻辑符号

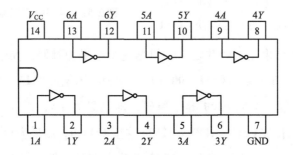

图 2-54   74LS04 引脚排列及逻辑符号

2.5.4   实验内容

1. 基础实验部分

（1）利用 74LS283 加法器实现二进制加法。将实验结果记录在表 2-27 中。

表 2-27   加法器功能测试

A_4 A_3 A_2 A_1	B_4 B_3 B_2 B_1	CI	C_4 S_4 S_3 S_2 S_1

（2）利用 74LS283 四位二进制加法器实现 8421BCD 码转换为余 3 码的电路。要求写出设计全过程，画出逻辑电路图并填写表 2-28。

表 2-28   8421BCD 码到余 3 码

8421BCD 码	余 3 码
0 0 0 0	
0 0 0 1	
0 0 1 0	

（续）

8421BCD 码	余3码
0　0　1　1	
0　1　0　0	
0　1　0　1	
0　1　1　0	
0　1　1　1	
1　0　0　0	
1　0　0　1	

（3）实现一位 8421BCD 码的加法运算。

用两块 74LS283 及门电路实现，要求写出设计全过程，画出逻辑图。输入用逻辑开关，输出用指示灯，改变开关状态，观察输出指示灯的变化，将实验结果记录在表 2-29 中。

表2-29　两位 8421BCD 码的加法

A_4　A_3　A_2　A_1	B_4　B_3　B_2　B_1	CI	C_4　S_4　S_3　S_2　S_1
0　1　0　1	0　0　1　0		
0　0　1　1	0　1　1　1		
0　1　1　0	1　0　0　1		

（4）实现两个 4 位二进制数的减法。

根据前面讲到的利用加法器来实现减法运算的原理，此电路必须分两步进行，所以要用两块 74LS283 及适当门电路完成连接，输入用逻辑开关表示，输出用指示灯来观察结果，改变开关状态，观察输出指示灯的变化，将实验结果记录在表 2-30 中。

表2-30　两个 4 位二进制数的减法

A_4　A_3　A_2　A_1	B_4　B_3　B_2　B_1	CI	C_4　S_4　S_3　S_2　S_1
0　1　0　1	0　0　1　0		
0　0　1　1	1　0　0　1		
0　1　1　0	1　1　0　1		

（5）用门电路设计出一位半加器，并且由半加器扩展成一位全加器。要求写出设计全过程，画出逻辑电路图。

2. 提高部分

（1）用适当门电路设计一个二进制原码反码选择器，要求写出设计过程，画出逻辑图，并且检测电路是否正确。（提示：用变量 M 来进行判别是原码还是反码。）

（2）试用异或门和集成 4 位二进制全加器 74LS283 构成一个无符号数的 4 位并行加、减运算电路。要求当控制信号 $X=0$ 时，电路实现加法运算；$X=1$ 时，实现减法运算。

（3）用适当门电路和 74LS283 来完成一个 8421BCD 到 2421BCD 码的转换电路。要求写出设计过程，并根据表 2-31 检验设计结果是否正确。（提示：分析 8421BCD 码到 2421BCD 码是否有特殊对应的加法关系。）

表 2-31　8421BCD 码和 2421BCD 码对应表

十进制数	8421BCD				2421BCD			
	P	Q	R	S	D	C	B	A
0	0	0	0	0	0	0	0	0
1	0	0	0	1	0	0	0	1
2	0	0	1	0	0	0	1	0
3	0	0	1	1	0	0	1	1
4	0	1	0	0	0	1	0	0
5	0	1	0	1	1	0	1	1
6	0	1	1	0	1	1	0	0
7	0	1	1	1	1	1	0	1
8	1	0	0	0	1	1	1	0
9	1	0	0	1	1	1	1	1

（4）用 74LS283 和门电路实现 4 位 ×4 位的乘法器，并用 Multsim 软件进行仿真。

2.5.5　思考题

1. 如何实现余 3 码至 8421BCD 码的转换？
2. 如何实现两个 1 位 8421BCD 码的减法？可以用二进制的减法电路来完成 8421BCD 码的减法吗？为什么？
3. 设计 8421BCD 码加法中的校正电路，写出设计过程，并画出电路。
4. 串行进位加法器和超前进位加法器有何区别，它们各有什么优缺点？
5. 怎样用两个半加器构成一个一位全加器（设计中半加器用其逻辑符号来表示）？

2.6　组合逻辑电路的设计

2.6.1　实验目的

（1）掌握用基本门电路进行组合电路设计的方法。

（2）掌握用中规模集成电路设计组合电路的方法。

（3）通过实验验证设计的正确性。

2.6.2 实验仪器与器件

本实验所需仪器及器件如表2-32所示。

表2-32 实验所需仪器及器件

序号	仪器或器件名称	型号或规格	数量
1	逻辑实验箱		
2	万用表		
3	2输入四与非门		
4	六反相器		
5	3输入三与非门		
6	4输入二与非门		
7	2输入四异或门		
8	PC机和仿真软件		

2.6.3 实验原理

中小规模组合逻辑电路的设计流程如图2-55所示。

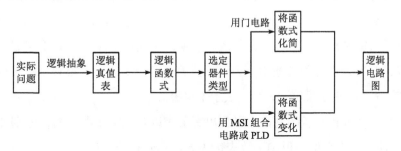

图2-55 中小规模组合逻辑电路的设计流程框图

组合逻辑电路的设计一般可按以下几个步骤：

（1）根据任务要求把一个实际问题转化为逻辑问题，即逻辑抽象。

（2）根据实际逻辑问题的要求（输入、输出之间的因果关系），列出真值表。再由真值表写出逻辑函数表达式，或者根据要求直接写出逻辑函数表达式。

（3）进行逻辑化简和变换，得到最简逻辑函数表达式。根据采用的器件类型对逻辑式进行适当变换，如变换成与非－与非表达式、或非－或非表达式等。

（4）画出逻辑图，选择合适器件构成功能电路。

（5）检测电路是否正确，如果电路的稳定性不够好，需检查故障及修改电路的设计使得电路趋于完善。

在以上几个步骤中，其中逻辑抽象的工作至关重要，通常是：

1）分析事件的因果关系，确定输入输出变量。一般总是把引起事件的原因定为输入变量，而把事件的结果作为输出变量。

2）定义逻辑状态的含义。以二值逻辑的 0、1 两种状态分别代表输入变量和输出变量的两种不同状态。此时的 0 和 1 的具体含义完全是由设计者人为选定的。这项工作也称为逻辑状态赋值。

3）根据给定的因果关系列出逻辑真值表。可以看出，整个设计过程中，第一步最关键，如果题意理解错误，则设计出来的电路就不能符合要求。同时，逻辑函数的化简也是一个重要的环节，通过化简，可以用较少的逻辑门实现相同的逻辑功能，这样一来，可降低成本、节约器件及增加电路的可靠性。随着集成电路的发展，化简的意义已经演变成为怎样使电路最佳，所以，设计中必须考虑电路的稳定性，即有无竞争冒险现象，如果有，则需要采用适当方法予以消除。

1. 用基本门电路设计组合逻辑电路

【例 2-1】　某设备有开关 A、B、C，具体执行时要求只有在开关 A 接通的条件下，开关 B 才能接通，开关 C 只有在开关 B 接通的条件下才能接通。违反这一规则，发出报警信号。设计一个由与非门组成的能实现这一功能的报警控制电路。

分析：根据题意，第一步，进行逻辑抽象，该报警电路的输入变量是三个开关 A、B、C 的状态，设开关接通用 1 表示，开关断开用 0 表示，设该电路的输出报警信号为 F，F 为 1 表示报警，F 为 0 表示不报警。

第二步，在分析题意的基础上可列出真值表以及用卡诺图化简，分别如表 2-33 和图 2-56 所示，由真值表得到函数表达式 $F = \sum m(1, 2, 3, 5)$。

表 2-33　真值表

A	B	C	F
0	0	0	0
0	0	1	1
0	1	0	1
0	1	1	1
1	0	0	0
1	0	1	1
1	1	0	0
1	1	1	0

第三步，由卡诺图化简得到 F 的最简表达式为 $F = \overline{A}B + \overline{B}\,\overline{C} = \overline{\overline{\overline{A}B} + \overline{\overline{B}\,\overline{C}}} = \overline{\overline{\overline{A}B} \cdot \overline{B}\,\overline{C}}$。

第四步，由表达式画出逻辑电路图，如图 2-57 所示。

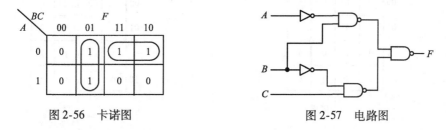

图 2-56　卡诺图　　　　　　　　　图 2-57　电路图

第五步，选择合适的器件构成电路，检测电路是否正确，并且测试电路稳定性，修改或者增加电路使得电路稳定性更好。

2. 用中规模集成器件实现组合逻辑电路

中规模集成器件多数是专用功能器件，但利用它们可以实现一些特定的逻辑函数。

【例2-2】　用中规模器件设计一并行数据检测器，当输入 4 位二进制码中，有奇数个 1 时，输出 $F1$ 为 1；当输入的这 4 位二进码是非 8421BCD 码时，$F2$ 为 1，其余情况 $F1$、$F2$ 均为 0。

分析：根据题意我们可以得到 F_1、F_2 的真值表以及相应的卡诺图，如表 2-34、图 2-58 和图 2-59 所示。可以选用两种不同的中规模器件来完成以上功能。

表2-34　F_1 F_2 真值表

D	C	B	A	F_1	F_2
0	0	0	0	0	0
0	0	0	1	1	0
0	0	1	0	1	0
0	0	1	1	0	0
0	1	0	0	1	0
0	1	0	1	0	0
0	1	1	0	0	0
0	1	1	1	1	0
1	0	0	0	1	0
1	0	0	1	0	0
1	0	1	0	0	1
1	0	1	1	1	1
1	1	0	0	0	1
1	1	0	1	1	1
1	1	1	0	1	1
1	1	1	1	0	1

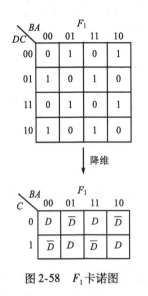

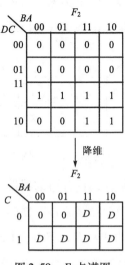

图 2-58 F_1 卡诺图   图 2-59 F_2 卡诺图

（1）用 74LS151 八选一数据选择器来实现。因为输入是四变量的函数，而 74LS151 八选一数据选择器是三地址输入的数据选择器，所以首先要进行降维或者扩展。注意到输出是两个变量，所以必须要用两块 74LS151 来分别实现，最后得到的电路如图 2-60 和图 2-61 所示。

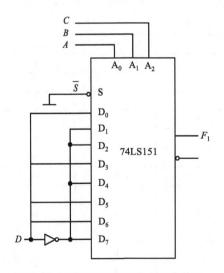

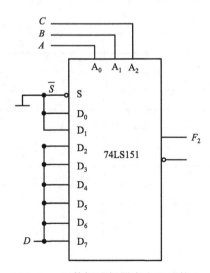

图 2-60   用数据选择器来实现函数 F_1 图 2-61   用数据选择器来实现函数 F_2

（2）用 4 线-16 线译码器 74LS154 来实现。因为译码器是多输入、多输出的逻辑器件，所以一块 74LS154 可以同时实现 F_1 和 F_2 的功能，电路如图 2-62 所示。

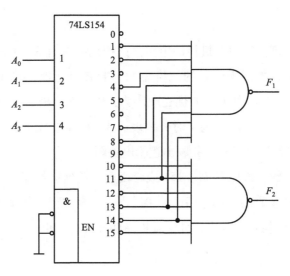

图 2-62 用 4 线-16 线译码器来完成函数 F_1 和 F_2

2.6.4 实验内容

1. 基础实验部分

（1）用适当的门电路设计一个能对 4 路数据进行任意选择的数据选择器。设 4 路数据分别为 $A_1 = 1$，$A_2 =$ 逻辑开关，$A_3 = 1\text{Hz}$ 脉冲信号，$A_4 =$ 点动脉冲。要求写出设计全过程。

（2）用 2 输入异或门和与非门设计一个路灯控制电路。当总开关闭合时，安装在三个不同地方的三个开关都能独立地控制灯的亮或灭；当总电源开关断开时，路灯不亮。

（3）设计一个密码锁。密码锁的密码可以由设计者自行设定，设该锁有规定的 4 位二进制代码 $A_3 A_2 A_1 A_0$ 的输入端和一个开锁钥匙信号 B 的输入端，当 $B = 1$（有钥匙插入）且符合设定的密码时，允许开锁信号输出 $Y_1 = 1$（开锁），报警信号输出 $Y_2 = 0$；当有钥匙插入但是密码不对时，$Y_1 = 0$，$Y_2 = 1$（报警）；当无钥匙插入时，无论密码对否，$Y_1 = Y_2 = 0$。

（4）用双四选一数据选择器 74LS153 来实现三人表决电路。

（5）工厂有三个车间，每个车间各需 1kW 电力，共有两台发电机供电，一台是 1kW，另一台是 2kW。三个车间经常不同时工作，某时刻可能有一个车间、两个车间或者三个车间工作，为了节省资源，又保证电力供应，请设计一个逻辑控制电路，能自动完成配电任务。

2. 提高部分

（1）设计一计算机房的上机控制电路。此控制电路有 X、Y 两个控制端，控制上午时的取值为 01；控制下午时的取值为 11；控制晚上时的取值为 10。A、B、C 为需要上机的三个学生，其上机的优先顺序为：上午为 ABC，下午为 BCA，晚上为 CAB。电路的输出 F_1、F_2 和 F_3 为 1 时分别表示 A、B 和 C 能上机。试用与非门实现该电路，要求写出设计全过程，并画出逻辑电路图。

（2）用八选一数据选择器 74LS151 或者四选一数据选择器 74LS153 来完成二进制码转换为 8421BCD 码的变换电路。要求写出设计全过程，并画出逻辑电路图。

（3）用 Multsim 仿真软件来设计实验提高部分（1）和（2）。

2.6.5　思考题

1. 如什么叫冒险现象，如何判断一个组合逻辑电路中是否存在冒险现象？
2. 在出现冒险现象的电路输出端，串接两个非门电路能消除冒险现象吗？试分析是否合乎逻辑，并在实验中验证。
3. 最简的组合电路是否就是最佳的组合电路？本实验例 2-1 如何修改可以使系统更稳定？

2.7　触发器与计数器的应用

2.7.1　实验目的

（1）掌握触发器的功能及触发特性。
（2）了解计数器的基本结构，掌握用触发器构成计数器的方法。
（3）理解分频和计数的概念，掌握任意进制计数器的构成方法。

2.7.2　实验仪器与器件

本实验所需仪器及器件如表 2-35 所示。

表 2-35　实验所需仪器及器件

序号	仪器或器件名称	型号或功能	数量
1	双踪示波器		
2	指针式万用表		
3	逻辑实验箱		
4	双 D 触发器		

(续)

序号	仪器或器件名称	型号或功能	数量
5	双 JK 触发器		
6	异步十进制计数器		
7	同步二进制计数器		
8	PC 机和仿真软件		

2.7.3 实验原理

1. 基本元件触发器

触发器是能够存储 1 位二值信号的基本单元电路，是构成时序电路最基本的单元，是中规模集成时序电路的组成元件。触发器的组成是由门电路经过输出、输入信号的反馈作用，使得触发器的现态输出不仅与当前的输入有关，也和之前的状态有关，使得触发器成为具有记忆功能的元件。触发器的种类很多，按其逻辑功能分，主要有 RS 触发器、JK 触发器、D 触发器、T 触发器等；按电路原理分，有基本触发器、钟控触发器、主从触发器、边沿触发器等。不管哪一种触发器，它的输出状态不外乎置 **0**，置 **1**，保持或者翻转，并且各种触发器的输出表达式可以相互转换。

74LS74 是 TTL 双 D 触发器，其输出特性方程 $Q^{n+1} = D$，真值表如表 2-36 所示，引脚图和逻辑符号如图 2-63 和图 2-64 所示。74LS112 是 TTL 双 JK 触发器，其输出特性方程 $Q^{n+1} = J\overline{Q^n} + \overline{K}Q^n$，真值表如表 2-37 所示，其引脚图和逻辑符号分别如图 2-65 和图 2-66 所示。

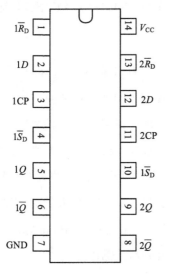

图 2-63　74LS74 D 触发器引脚图

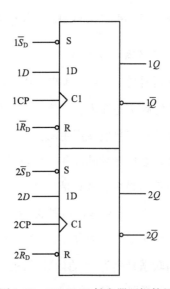

图 2-64　74LS74D 触发器逻辑符号

表2-36　D 触发器真值表

D	Q^{n+1}
0	0
1	1

表2-37　JK 触发器真值表

J	K	Q^{n+1}
0	0	Q^n
0	1	0
1	0	1
1	1	$\overline{Q^n}$

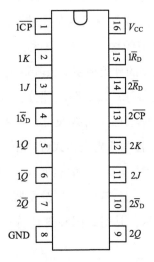

图 2-65　74LS112 JK 触发器引脚图

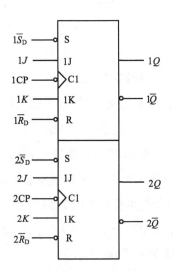

图 2-66　74LS112 JK 触发器逻辑符号

2. 计数器与分频器

分频器是把外部周期的 CP 脉冲的频率转换为 $1/M$（M 是模值），即从最高位输出信号的频率是输入脉冲频率的 $1/M$ 倍。计数器则是对外部 CP 脉冲进行计数，最后计数到一定数值就产生溢出。模为 M 的计数器就是计到 M 个脉冲信号时就产生溢出信号。如果计数脉冲和分频器的外部脉冲一样，那么计数器和分频器就是同一个过程的不同叫法。分频是指把频率降下来，例如五分频即指最高位的频率是外部 CP 脉冲的 1/5。计数是指对外部脉冲计数，有几个脉冲，计数器的状态就变换几次。例如模为 5 则指计数器在计到 5 个外部脉冲，就产生溢出信号。当外部脉冲一样时，二者的联系是模为 M 的计数器的最高位输出即为分频器的输出。

计数器是一种能够记录输入脉冲个数的时序电路，计数是日常生活中最常遇见的算术动作，所以计数器种类繁多，应用广泛。按工作方式分，有同步和异步两类；按计数模值分，有二进制、十进制和任意进制；按计数顺序分，有加法、减法和可逆（双向）之分。目前常用的计数器都已有成品，一般来说，除计数外，它们还具备清零或预置功能，本实验采用的计数器为 74LS90 和 74LS161，74LS90 是一个二－五－十进制异步计数器，外形为双列直插，引脚排列如图 2-67 所示，图中的 NC 表示此脚为空脚，不接线，逻辑符号如图 2-68 所示。其中 R_1、R_2 为两个异步清零端，P_1、P_2 为两个异步置 9 端，CP_1、CP_2 为两个时钟输入端，$Q_0 \sim Q_3$ 为计数输出端，74LS90 的功能表见表 2-38，由表可知：当 $R_1R_2 = P_1P_2 = 0$ 时，计数器才能正常计数。如时钟从 CP_1 引入，Q_0 输出为二进制；时钟从 CP_2 引入，Q_3 输出为五进制；时钟从 CP_1 引入，而 Q_0 接 CP_2，即二进制的输出与五进制的输入相连，则 $Q_3Q_2Q_1Q_0$ 输出为 8421BCD 码的十进制计数器；如时钟从 CP_2 引入，而 Q_3 接 CP_1，即五进制的输出与二进制的输入相连，则 $Q_0Q_3Q_2Q_1$ 输出为 5421BCD 码的十进制计数器。两种不同接法所构成的十进制的输出状态如表 2-39 所示。要构成十以内的任意进制计数利用异步清零端或置 9 端均可实现。

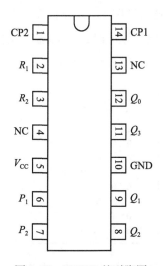

图 2-67　74LS90 的引脚图

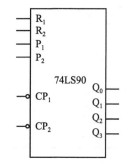

图 2-68　74LS90 逻辑符号

表 2-38　74LS90 的功能表

输入			输出			
$R_D = R_1R_2$	$P_D = P_1P_2$	CP	Q_3	Q_2	Q_1	Q_0
1	0	×	0	0	0	0
0	1	×	1	0	0	1
0	0	↓	加法计数			

表 2-39 74LS90 不同码制状态表

序号	8421BCD 码 $Q_3\ Q_2\ Q_1\ Q_0$	5421BCD 码 $Q_0\ Q_3\ Q_2\ Q_1$
0	0 0 0 0	0 0 0 0
1	0 0 0 1	0 0 0 1
2	0 0 1 0	0 0 1 0
3	0 0 1 1	0 0 1 1
4	0 1 0 0	0 1 0 0
5	0 1 0 1	1 0 0 0
6	0 1 1 0	1 0 0 1
7	0 1 1 1	1 0 1 0
8	1 0 0 0	1 0 1 1
9	0 0 0 1	1 1 0 0

【例 2-3】 试用 74LS90 设计一个 $M=7$ 的计数器，即最高位的周期是外部脉冲的 7 倍，也就是最高位频率是外部脉冲频率的 1/7。

方法一：输出为 8421BCD 码，即外部计数脉冲从 CP_1 输入，Q_0 与 CP_2 相连，Q_3 为最高位输出，用置数的方式实现七进制。所谓七进制，就是该计数器有七个有效循环状态，如不加反馈，74LS90 共有十个状态，现可利用置 9 端 P_1、P_2，使计数器在（0101）状态后的下一个状态不是（0110）而是（1001），具体的实现方法只要把 Q_1、Q_2 与置 9 端 P_1、P_2 相连即可。当计数器计到 6 时，立即被置成 9，而 6(0110) 是个过渡状态。状态表如表 2-40 所示，逻辑电路如图 2-69 所示。

表 2-40 8421BCD 码置数方式七进制状态表

序号	$Q_3\ Q_2\ Q_1\ Q_0$
9	1 0 0 1
0	0 0 0 0
1	0 0 0 1
2	0 0 1 0
3	0 0 1 1
4	0 1 0 0
5	0 1 0 1
6	(0 1 1 0)

方法二：输出为 5421BCD 码，用异步清零的方式实现七进制。由于 74LS90 是分别由一个二进制和一个五进制构成的十进制计数器，如果外部计数脉冲从 CP_2 输入，即先五进制，再把五进制的输出最高位 Q_3 与二进制的输入端 CP_1 相连，这样就构成了 5421BCD 码的十进制计数器。在此基础上进行反馈回零即可构成七进制计数器。实际连接时只要把 Q_0 与 Q_2 分别与清零端 R_1、R_2 相连即可。这样，当计数器计到 7(1010) 时立即被清成 0，而（1010）同样也是一个过渡状态。状态表如表 2-41 所示，电路图如图 2-70 所示。

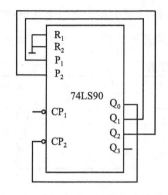

图 2-69 用 74LS90 置数方式构成的
　　　　 M = 7 逻辑图

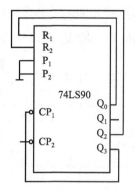

图 2-70 用 74LS90 清零方式构成的
　　　　 M = 7 逻辑图

表 2-41 5421BCD 码清零方式七进制状态表

序号	$Q_0 Q_3 Q_2 Q_1$
0	0 0 0 0
1	0 0 0 1
2	0 0 1 0
3	0 0 1 1
4	0 1 0 0
5	1 0 0 0
6	1 0 0 1
7	1 0 1 0

图 2-71 是以上两种不同方法所实现的七进制计数器的最高位输出波形，从波形图上可以看出两种方法都实现了输出周期为外部脉冲的七倍，即频率为外部脉冲的 1/7，而区别在于输出波形的占空比是不一样的。

0 以上是 $M \leqslant 10$ 的情况，若用 74LS90 构成模值大于十的计数器，要用两块以上芯片来实现。例如实现 $M = 15$ 的方法之一，可分别由一块三进制和一块五进制串联而成，其中第一块 74LS90 的输出 Q_{12}、Q_{11} 为三进制（00、01、10）输出，第二块 74LS90 的输出 Q_{23}、Q_{22}、Q_{21} 为五进制（000、001、010、011、100）输出，把三进制最高位作为五进制的 CP 端相连，即构成了一个十五进制的计数器。连线如图 2-72 所示。

74LS161 是四位二进制的同步置数异步清

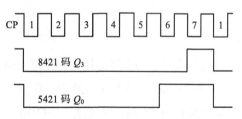

图 2-71 从高位输出的波形图

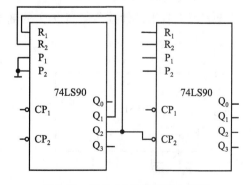

图 2-72 M 为 15 的分频器电路图

零的加法计数器，此计数器可用其同步置数端和异步清零端构成十六以内任意进制计数器。74LS161 的功能表如表 2-42 所示，引脚排列和逻辑符号如图 2-73 和图 2-74 所示。

表 2-42　74LS161 功能表

$\overline{R_D}$	$\overline{LD}$	ENP	ENT	CP	d_3	d_2	d_1	d_0	工作状态
0	×	×	×	×	×	×	×	×	清零
1	0	×	×	↑	d_3	d_2	d_1	d_0	置数
1	1	1	1	↑	×	×	×	×	加法计数
1	1	0	1	×	×	×	×	×	保持
1	1	×	0	×	×	×	×	×	保持，$C = 0$

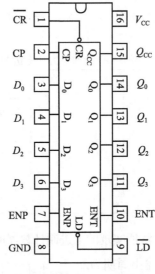

图 2-73　74LS161 的引脚图

【例 2-4】　用 74LS161 实现 $M = 12$ 的计数器

方法一：用同步置数的方式构成十二进制计数器，可以选择 0 ~ 15 中的任意数进行置数。比如选择 $d_3 d_2 d_1 d_0 = 0010$，十二个状态如表 2-43 所示。反馈网络的方程为 $\overline{LD} = \overline{Q_3 Q_2 Q_0}$，逻辑图如图 2-75 所示，图中，$\overline{R_D}$、ENP 和 ENT 均接 1。另外，由状态表可以看出，计数器最高位 Q_3 的输出占空比为 50% 。

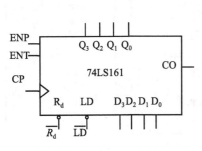

图 2-74　74LS161 逻辑符号

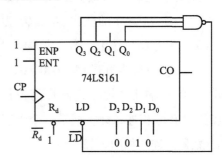

图 2-75　用 74LS161 置数方式构成的 $M = 12$ 逻辑图

表 2-43　$M=12$ 置数方式 12 种状态

序号	$Q_3 Q_2 Q_1 Q_0$
2	0 0 1 0
3	0 0 1 1
4	0 1 0 0
5	0 1 0 1
6	0 1 1 0
7	0 1 1 1
8	1 0 0 0
9	1 0 0 1
10	1 0 1 0
11	1 0 1 1
12	1 1 0 0
13	1 1 0 1

方法二：用异步清零法实现 $M=12$ 的计数器。其反馈网络方程 $\overline{R_D}=\overline{Q_3 Q_2}$，由于是异步清零，所以（1100）状态为过渡状态，计数器的十二个状态为（0000）~（1011），其状态表如表 2-44 所示，逻辑图如图 2-76 所示，图中 $\overline{LD}$、ENP 和 ENT 端均接 1，与方法一相比较，计数器最高位 Q_3 输出的占空比不同。

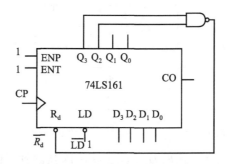

图 2-76　用 74LS161 清零方式构成的 $M=12$ 逻辑图

表 2-44　清零方式构成的十二进制状态表

序号	$Q_3 Q_2 Q_1 Q_0$
0	0 0 0 0
1	0 0 0 1
2	0 0 1 0
3	0 0 1 1
4	0 1 0 0
5	0 1 0 1
6	0 1 1 0
7	0 1 1 1
8	1 0 0 0
9	1 0 0 1
10	1 0 1 0
11	1 0 1 1
12	(1 1 0 0)

2.7.4　实验内容

1. 基础实验部分

（1）JK触发器逻辑功能的测试。在双JK触发器74LS112中选定一个JK触发器，令它的$\overline{R_D} = \overline{S_D} = 1$，$J$、$K$接逻辑开关，CP接单脉冲源，$Q$接指示灯，先使$Q^n = 0$（使用$R_D$端使触发器置0），再按表2-45改变$J$、$K$及CP，观察指示灯，记录结果，再使$Q^n = 1$，同样按表2-45改变$J$、$K$及CP，观察指示灯，记录结果。（注：JK触发器下降沿有效。）

表2-45　JK触发器功能测试表

J	K	CP	$Q^n = 0$	$Q^n = 1$
			Q^{n+1}	Q^{n+1}
0	0	$1 \to 0$		
		$0 \to 1$		
0	1	$1 \to 0$		
		$0 \to 1$		
1	0	$1 \to 0$		
		$0 \to 1$		
1	1	$1 \to 0$		
		$0 \to 1$		

（2）用74LS90实现$M = 9$和$M = 16$的计数器，CP接实验箱上的单脉冲信号，或接$f = 1 \sim 2\mathrm{Hz}$的连续脉冲，输出Q_3、Q_2、Q_1、Q_0从高到低依次接指示灯显示或者接实验箱上的数码显示输入D、C、B、A，记录显示结果。结果正确，再用示波器的一个输入端接外部CP，一个端口接最高位，观察其输出波形与输入波形之间的关系。（用示波器观察波形时CP接1kHz的脉冲信号。）

要求：写出设计过程，记录实验结果，画出示波器所观察到的波形图，分析理论设计与实验结果是否一致。

（3）用74LS161实现$M = 10$和$M = 24$的计数器，要求其最高位的占空比为50%。CP接实验箱上的单脉冲信号，或接$f = 1 \sim 2\mathrm{Hz}$的连续脉冲，输出Q_3、Q_2、Q_1、Q_0从高到低依次接指示灯显示或者接实验箱上的数码显示输入D、C、B、A，记录显示结果。结果正确，再用示波器的一个输入端接外部CP，一个端口接计数器最高位，观察其输出波形与输入波形之间的关系。

要求：写出设计过程，记录实验结果，画出示波器所观察得到的波形图，分析理论设计与实验结果是否一致。

2. 提高部分

（1）用 74LS161 或者 74LS90 设计一个 $M=9$，占空比为 50% 的分频器，用示波器观察波形和占空比。

（2）用分频器与双四选一数据选择器 74LS153 相结合，实现一个信号为 1001 序列发生器，要求写出设计过程，并用实验来验证设计是否正确，记录实验结果，并且分析实验结果与理论设计是否有出入。（提示：数据选择器的地址端用脉冲波来控制。）

（3）用八选一模拟数据选择器 74HCT4051 来实现阶梯波，要求写出设计过程，并用实验来验证设计是否正确，记录实验结果，并且分析实验结果与设计是否有出入。（提示：用电阻分压，分别输入数据选择器的数据端，地址端口用脉冲波进行控制。）

（4）用 Multisim 仿真软件设计提高部分（1）、（2）、（3），用逻辑分析仪来观察并分析输出波形。

2.7.5 思考题

1. 如触发器的 CP 为什么不能接普通开关（纽子开关）？
2. 74LS90 作为 5421 码输出时，按 Q_3、Q_2、Q_1、Q_0 排列，结果会怎样？如果输出 Q_0、Q_3、Q_2、Q_1 接数码显示输入 D、C、B、A，能否显示 $1\sim9$，为什么？
3. 74LS90 在使用过程中，会出现某个状态持续时间非常短，甚至某个状态没有的情况，分析原因所在，可采取怎样的改进方法？

2.8 移位寄存器的应用

2.8.1 实验目的

（1）了解寄存器的基本结构。
（2）掌握 74LS194 移位寄存器的工作方式。
（3）掌握中规模移位寄存器的应用。

2.8.2 实验仪器与器件

本实验所需仪器及器件如表 2-46 所示。

表 2-46　实验所需仪器及器件

序号	仪器或器件名称	型号或功能	数量
1	逻辑实验箱		
2	指针式万用表		
3	双踪示波器		
4	4 位双向移位寄存器		
5	双 JK 触发器		
6	非门		
7	2 输入与非门		
8	2 输入异或门		
9	3 入与非门		
10	PC 和仿真软件		

2.8.3　实验原理

数据的存储和移动是对数字信号的一种常见操作，能实现这种操作的器件有数据寄存器和移位寄存器，它们同计数器一样是数字电路中不可缺少的时序逻辑器件。数据寄存器一般有两种结构类型，一类是由多个钟控 D 锁存器组成的，另一类是由多个钟控 D 触发器组成的。数据寄存器数据输入和输出都是并行的。移位寄存器的结构也是由多个触发器级联的，其数据不仅可以存储，还可以左移或右移。移位寄存器的数据的输入和输出都有串行和并行之分，数据的移动受公共时钟信号的控制。

4 位双向移位寄存器 74LS194 为 TTL 双极型数字集成逻辑电路，其外形为双列直插，它具有清零、左移、右移、并行送数和保持等多种功能，是一种功能较全的中规模移位寄存器，74LS194 的引脚排列如图 2-77 所示，逻辑符号如图 2-78 所示，功能表如表 2-47 所示。

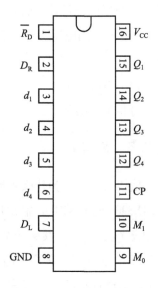

图 2-77　74LS194 引脚图

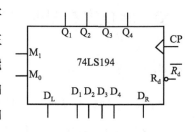

图 2-78　74LS194 逻辑符号

表 2-47　74LS194 功能表

功能	M_1 M_0 CP $\overline{R}_D$	D_R d_1 d_2 d_3 d_4 D_L	Q_1^{n+1} Q_2^{n+1} Q_3^{n+1} Q_4^{n+1}
清零	× × × 0	× × × × × ×	0　　0　　0　　0
预置	1 1 ↑ 1	× d_1 d_2 d_3 d_4 ×	d_1　　d_2　　d_3　　d_4

（续）

功能	M_1 M_0 CP $\overline{R}_D$	D_R d_1 d_2 d_3 d_4 D_L	Q_1^{n+1} Q_2^{n+1} Q_3^{n+1} Q_4^{n+1}
右移	0 1 ↑ 1	d_R × × × × ×	d_R d_1 d_2 d_3
左移	1 0 ↑ 1	× × × × × d_L	d_2 d_3 d_4 d_L
保持	0 0 × 1	× × × × × ×	Q_1^n Q_2^n Q_3^n Q_4^n

74LS164 是一块八位的单向移动的 TTL 数字集成移位寄存器，具有清零、右移功能。74LS164 引脚排列如图 2-79 所示，逻辑符号如图 2-80 所示，功能表如表 2-48 所示。

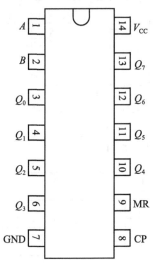

图 2-79　74LS164 引脚图

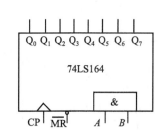

图 2-80　74LS164 逻辑符号

表 2-48　74LS164 功能表

输入				输出	
CP	$\overline{MR}$	A	B	Q_0	$Q_1 \sim Q_7$
⤒	0	×	×	0	0 ~ 0
⤒	1	0	0	0	$Q_0 \sim Q_6$
⤒	1	0	1	0	$Q_0 \sim Q_6$
⤒	1	1	0	0	$Q_0 \sim Q_6$
⤒	1	1	1	1	$Q_0 \sim Q_6$

1. 移位寄存器的典型应用之一——实现数据的串/并转换和并/串转换

由图 2-81 所示电路得出的波形图如图 2-82 所示，假设 $D_R = 1001$，在第 4 个 CP 之后，从 $Q_4 Q_3 Q_2 Q_1$ 输出的波形即为 1001，即实现了串/并转换⊖。由图 2-83 所示电

先利用清零端清零，再把控制端对应为向右移操作。

路得到的波形图如图 2-84 所示，假设最初并行置入的数据为 1000，$D_L = 1$，从 Q_1 输出，经过 4 个 CP，可以得到 1000，实现了并/串转换[○]。

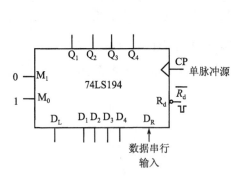

图 2-81　实现数据串/并转换

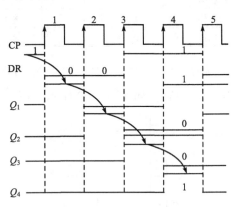

图 2-82　串/并转换中数据传递

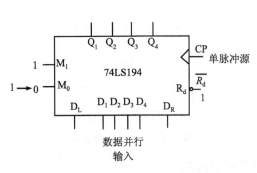

图 2-83　实现数据并/串转换

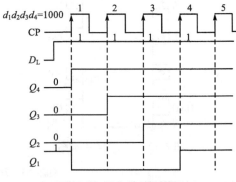

图 2-84　并串转换波形图

2. 典型应用之二——构成任意进制计数器

例如用寄存器 74LS194 以及适当的门电路实现 $M = 5$ 的计数器，设计过程如下：

1) 写出真值表，如表 2-49 所示；

表 2-49　$M = 5$ 真值表

序号	Q_4 Q_3 Q_2 Q_1	D_R
0	0　0　0　0	1
1	0　0　0　1	1
3	0　0　1　1	0
6	0　1　1　0	0
12	1　1　0　0	0
8	1　0　0　0	1

先利用控制端对应到置数操作，再把控制端对应到左移操作。

2）卡诺图化简，如图 2-85 所示；

3）画出逻辑电路图，如图 2-86 所示。

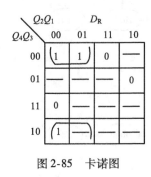

图 2-85　卡诺图

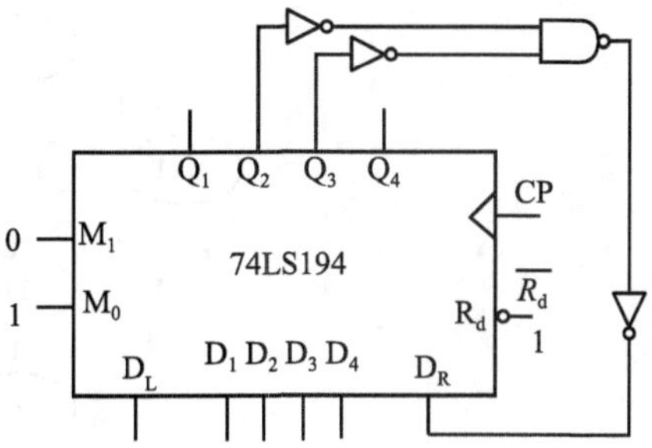

图 2-86　$M=5$ 逻辑电路图

3. 典型应用之三——构成序列发生器

例如用移位寄存器 74LS194 和适当门电路实现 100101 序列。设计步骤如下：

1）写出状态真值表，如表 2-50 所示；

表 2-50　100101 序列真值表

序号		Q_1 Q_2 Q_3 Q_4	D_L
9		1　0　0　1	0
2		0　0　1　0	1
5		0　1　0　1	1
11		1　0　1　1	0
6		0　1　1　0	0
12		1　1　0　0	1

2）卡诺图化简，如图 2-87 所示，化简时可以利用无关项，使表达式更加简洁，电路的连线更加简单，所用到的器件更少，得 $D_L = Q_2\overline{Q_3} + \overline{Q_1}\,\overline{Q_2}$；

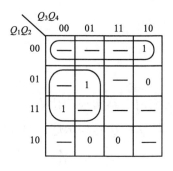

图 2-87　序列发生器卡诺图

3）画出状态转换图，如图 2-88 所示；

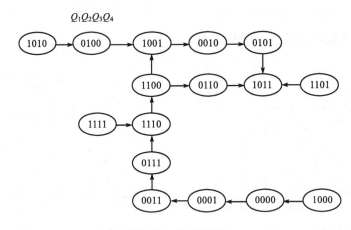

$Q_1Q_2Q_3Q_4$

图 2-88　状态转换图

4）画出逻辑电路图，如图 2-89 所示。

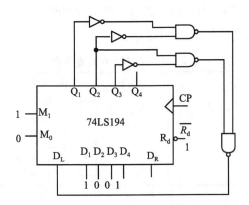

图 2-89　100101 序列发生器逻辑电路图

2.8.4　实验内容

1. 基础实验部分

（1）数据的存储和移动

1）用一片 74LS194 及适当门电路实现四位串/并转换。步骤：器件初态清零，先使 $Q_1Q_2Q_3Q_4 = 0000$，输出 $Q_1Q_2Q_3Q_4$ 接指示灯，用单脉冲作 CP，用一个逻辑开关依次串入数据至 D_R，令 $D_R = 1010\ 1110\ 00$，输入一个数据给一个 CP，观察移位寄存器的输出变化。记录结果在表 2-51 中，并对结果进行分析。

2）用一片 74LS194 及适当门电路实现四位并/串转换。步骤：器件 $D_L = \mathbf{1}$，Q_1接指示灯，先并行输入数据 $d_1d_2d_3d_4$，然后使器件工作在左移状态，用单脉冲 CP，每输入一个 CP 观察输出结果。设有两组 4 位数据 1010 及 1110。将实验结果记录在表 2-52 中（注意第二组数据输入的时间及第 9、10 个 CP 的输出）。

表 2-51　四位串/并转换测试表

CP	Q_1	Q_2	Q_3	Q_4
0				
1				
2				
3				
4				
5				
6				
7				
8				
9				
10				

表 2-52　四位并/串转换测试表

CP	Q_1	Q_2	Q_3	Q_4
0				
1				
2				
3				
4				
5				
6				
7				
8				
9				
10				

（2）用 74LS194 和适当的门电路产生 $M = 10$ 的移位计数器，要求写出设计全过程，并且实现自启动。用指示灯查看设计是否正确，分析比较实验结果是否满足设计要求。

（3）用 74LS194 及适当门电路实现 00101 序列信号发生器（若 74LS194 构成右移，Q_2 作为输出），101 序列信号（并行）检测器（输出 $Z = 1$）。写出设计全过程，画出逻辑电路图。用示波器观察电路输出，画出 CP、Q_2、Z 的对应波形图。

要求：先用实验箱上的指示灯和单脉冲开关检测电路是否设计正确，结果正确后，再把 CP 接入 1kHz 的脉冲信号，用双踪示波器分别观察 CP 和 Q_2 的波形以及 Q_2 和 Z 的波形并记录（注意时间同步）。

2. 提高部分

（1）用 74LS194 和适当的门电路实现 $M = 4$ 的右移环形计数器，并要求电路能够自启动。要求写出设计过程（提示：自启动可参考相关理论教科书）。

（2）用两块 74LS194 和适当的门电路设计霓虹灯，要求排成一串的 8 个灯 $L_1 \sim L_8$ 逐个点亮，在 L_1 灯亮的时候，灯亮的传递方向是向 L_8，当 L_8 灯亮的时候，灯亮的传递方向是向 L_1。这样霓虹灯来回地点亮，每次只有一个被点亮。（提示：把两块 4 位的移位寄存器扩展成 8 位的移位寄存器，然后用适当器件设计逻辑控制电路来控制是向左移和向右移。）

（3）用 Multisim 仿真软件设计完成实验内容基础部分（3）和提高部分（2）。

2.8.5　思考题

1. 如用74LS194实现四位并/串转换需要几个CP才能完成？串行怎样输出？

2. 本实验的例题中$M=5$的计数器有多少无效状态？怎么样实现自启动？

3. 自启动的作用何在？可否用人工置数的方法代替自启动功能，为什么？

4. 环形计数器最大的优点是什么？一个八位的环形计数器有多少无效状态？

2.9　时序逻辑电路的设计

2.9.1　实验目的

（1）掌握时序逻辑电路的设计过程。

（2）了解时序器件的构成，会用触发器设计一些简单的时序电路。

（3）掌握时序电路逻辑功能的测试方法及排除电路故障的方法。

2.9.2　实验仪器与器件

本实验所需仪器及器件如表2-53所示。

表2-53　实验所需仪器及器件

序号	仪器或器件名称	型号或规格	数量
1	逻辑实验箱		
2	指针式万用表		
3	双踪示波器		
4	双JK触发器		
5	非门		
6	2输入与非门		
7	PC机及编程仿真软件		

2.9.3　实验原理

时序逻辑电路设计分为异步时序逻辑电路设计和同步时序逻辑电路设计，两者的区别是各个触发器的时钟信号不同。时序逻辑电路设计过程如图2-90所示，它适用于中、小规模器件的电路设计。

时序逻辑电路设计的一般步骤：

（1）分析任务要求，进行逻辑抽象，得出电路的原始状态转换图或状态转换表。

（2）状态化简。若两个电路状态在相同的输入下有相同的输出，并且转换到同样一个次态去，则称这两个状态为等价状态。这样的两个状态就可以合并成一个，电路的状态越少，设计出来的电路就越简单。

（3）状态分配。也称为状态编码，根据状态数来确定触发器的数目，满足下式：

$$\log_2 M \leqslant N \leqslant \log_2 M + 1$$

式中，M 为状态数，N 为触发器的数目。

（4）选定触发器的类型，求出电路的状态方程、驱动方程和输出方程。

（5）根据得到的方程式画出逻辑图。

（6）检查电路是否能够自启动，进行逻辑修改，实现自启动。

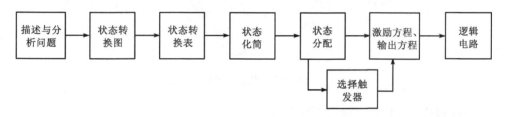

图 2-90　时序电路设计框图

用触发器设计时序逻辑电路举例。

【例 2-5】　设计一个能够自启动的 3 位环形计数器。要求它的有效循环状态为 $100 \rightarrow 010 \rightarrow 001 \rightarrow 100$。根据题目要求的状态循环，得到电路的状态转换图和电路的次态卡诺图，分别如图 2-91 和图 2-92 所示。

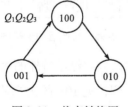

图 2-91　状态转换图

Q_1 \ Q_2Q_3	00	01	11	10
0	×	100	×	001
1	010	×	×	×

图 2-92　电路次态卡诺图

由状态转换图可以得到没有可以合并的状态项，三个状态相互独立。由上面状态转换图和电路次态卡诺图可以得到

$$\begin{cases} Q_1^{n+1} = Q_3 \\ Q_2^{n+1} = Q_1 \\ Q_3^{n+1} = Q_2 \end{cases}$$

将 $Q_1Q_2Q_3$ 的五个无效状态 000、011、101、110、111 分别代入上式求出次态，即得图 2-93 中用实线连接的状态转换图。图 2-94 是实线部分的状态卡诺图。不过，由上式得到的电路是不能自启动的。

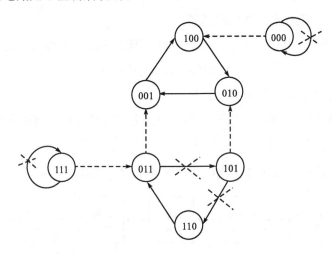

图 2-93　状态转换图

下面讨论怎么修改，以实现自启动。

按照图 2-93 中虚线连接方式修改状态转换图，则电路可以自启动，对应的卡诺图变成如图 2-95 所示。

Q_1 \ Q_2Q_3	00	01	11	10
0	000	100	101	001
1	010	110	111	011

图 2-94　实线部分的次态卡诺图

Q_1 \ Q_2Q_3	00	01	11	10
0	100	100	101	001
1	010	010	011	011

图 2-95　修改后的卡诺图

从状态转换图 2-95 看到 101 状态的次态本不必修改，它经过另外的两个无效状态 110 和 011 以后进入有效循环，但是从卡诺图上看到，把 101 的次态修改为 010 以后，Q_1^{n+1} 的逻辑式更加简单。

根据修改后的卡诺图 2-95 得到修改后的状态方程为

$$\begin{cases} Q_1^{n+1} = \overline{Q_1}\,\overline{Q_2} \\ Q_2^{n+1} = Q_1 \\ Q_3^{n+1} = Q_2 \end{cases} \qquad \begin{cases} D_1 = Q_1^{n+1} = \overline{Q_1}\,\overline{Q_2} \\ D_2 = Q_2^{n+1} = Q_1 \\ D_3 = Q_3^{n+1} = Q_2 \end{cases}$$

根据修改后的状态方程可以画出逻辑电路，如图 2-96 所示，此电路具有自启动功能。

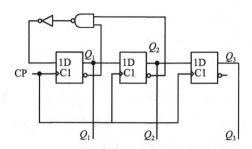

图 2-96　用 D 触发器构成的 3 位环形计数器

【例 2-6】　用触发器设计异步四进制的计数器。分析：①四进制就是有四个状态，则 $M=4$，触发器数目 $N\geqslant\log_2 M$，本题中只要两个 D 触发器就可以了。②因为是异步触发，所以 CP 的接法不是统一接外部脉冲，四进制计数器的逻辑图如图 2-97 所示，波形图如图 2-98 所示。

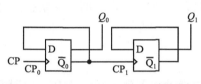

图 2-97　用触发器构成的四进制逻辑图

图 2-98　输出波形

【例 2-7】　用触发器设计八进制同步计数器。

设计方法与例 2-5 类似，触发器选择 JK 触发器，电路如图 2-99 所示，输出波形如图 2-100 所示。因为是同步设计，所以触发器 CP 外接相同脉冲信号。

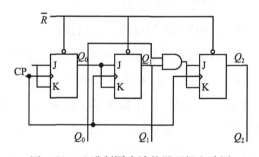

图 2-99　八进制同步计数器逻辑电路图

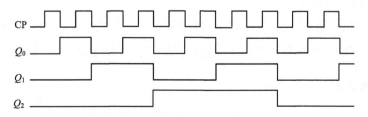

图 2-100　八进制同步计数器输出波形

2.9.4　实验内容

1. 基础实验部分

（1）用 D 触发器和适当的门电路来实现异步五进制的计数器。

要求：写出设计过程，用指示灯和示波器观察结果，并画出输出波形。

（2）用 JK 触发器和适当的门电路来实现同步十六进制的计数器。

要求：写出设计过程，用指示灯和示波器观察结果，并画出输出波形。

（3）用给定的触发器及门电路设计 101 序列信号（串行）检测器。该同步时序电路有一个输入 X，一个输出 Z，对应于输入序列 101 的最后一个 1，输出 $Z = 1$。设序列可以重叠检测。

要求：输入 X 用一个逻辑开关控制，CP 用单脉冲开关控制，输入一个数据即给一个 CP，输出 Z 及触发器状态 Q 接指示灯。设 $X = 11010110011$ 时，观察指示灯并记录。

2. 提高部分

（1）设计一个七进制计数器，要求它能够自启动。器件可以选择 D 触发器或者 JK 触发器，门电路任选。

要求：参照例 2-5 写出设计过程，包括状态转换图，状态表达式，状态卡诺图，以及怎样实现自启动。分别用指示灯和示波器观察计数器的输出，并分析是否可以实现自启动，画出各个触发器对应的波形图。

（2）设计一个自动售饮料机的逻辑电路。它的投币口每次只能投入一枚五角或一元的硬币。投入一元五角钱硬币后机器自动给出一杯饮料；投入两元（两枚一元）硬币后，在给出饮料的同时找回一枚五角的硬币。（提示：把投币信号作为逻辑变量，一元的用 A 表示，投入为 1，不投为 0，五角为 B，投入为 1，不投为 0。给出饮料和找钱为两个输出变量。分别用 Y、Z 表示。给出饮料时 $Y = 1$，不给时 $Y = 0$；找回一枚五角硬币时 $Z = 1$，不找时 $Z = 0$。列出状态表、状态图以及卡诺图，经过化简后，选择触发器来实现。）

要求：写出实验设计过程，要求能够自启动，并且测试结果，分析其实验是否正确。

（3）用 Multisim 仿真软件来设计完成实验内容提高部分（1）和（2）。

2.9.5　思考题

1. 如时序电路的自启动性能如何保证，能否用本实验例子加以说明？

2. 时序逻辑电路设计中会出现竞争—冒险现象，如何判断此现象，怎样解决？

3. 同步时序电路与异步时序电路的区别在哪里，两种电路有何优缺点？

4. 时序电路的等价状态是什么？

2.10　A/D、D/A 转换器的应用

2.10.1　实验目的

（1）了解 A/D、D/A 内部结构及工作原理。

（2）掌握 A/D、D/A 转换器的外部工作参数及与外部电路的连接。

（3）学习 A/D、D/A 器件的应用。

2.10.2　实验仪器与器件

本实验所需仪器及器件如表 2-54 所示。

表 2-54　实验所需仪器及器件

序号	仪器或器件名称	型号或规格	数量
1	逻辑实验箱		
2	指针式万用表		
3	模/数转换器		
4	数/模转换器		
5	计数器、移位寄存器		
6	运算放大器		
7	电阻		
8	PC 机和仿真软件		

2.10.3　实验原理

把连续变化的模拟量转换为离散的数字量，需要用模/数转换器，简称 A/D 转换器或 ADC。把离散的数字量转换为连续变化的模拟量，需要用数/模转换器，简称 D/A 转换器或 DAC。目前转换电路的形式很多，本实验采用 A/D 芯片 ADC0809 及 D/A 芯片 DAC0832 进行研究。

A/D 芯片 ADC0809 是用 CMOS 工艺制成的 8 位 8 通道 A/D 转换器。芯片由以下几部分组成：8 路模拟开关、模拟开关的地址锁存和译码电路、比较器、256R 电阻梯形网络、电子开关树、逐次逼近寄存器 SAR、三态输出锁存缓冲器、控制与定

时电路等，其引脚图如图 2-101 所示。ADC0809 通过引脚 $IN_0 \sim IN_7$ 可输入 8 路单极性模拟输入电压。ALE 将 3 位地址线 ADD_C、ADD_B、ADD_A 进行锁存，然后由译码电路选通 8 路输入中的某一路进行模/数转换。地址译码与输入选通关系如表 2-55 所示。

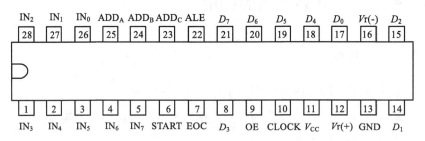

图 2-101   ADC0809 引脚图

表 2-55   ADC0809 地址译码与输入选通关系

被选的输入模拟通道	输入地址控制（ADD）		
	ADD_C	ADD_B	ADD_A
IN_0	0	0	0
IN_1	0	0	1
IN_2	0	1	0
IN_3	0	1	1
IN_4	1	0	0
IN_5	1	0	1
IN_6	1	1	0
IN_7	1	1	1

D/A 芯片 DAC0832 是用 CMOS 工艺制成的单片式 8 位 D/A 转换器，由两个 8 位寄存器（输入寄存器和 DAC 寄存器），一个 8 位数模转换器组成，其引脚排列如图 2-102 所示。

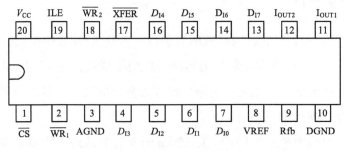

图 2-102   DAC0832 引脚图

ADC0809 各引脚含义如下。

- $IN_0 \sim IN_7$：模拟输入。
- $Vr(+)$、$Vr(-)$：基准电压的正极和负极。
- CLOCK：时钟脉冲输入。
- ADD_A、ADD_B、ADD_C：模拟通道的地址选择（与数据选择器的地址选择类似）。
- ALE：地址锁存允许输入信号，由低向高电平的正跳变为有效，此时锁存上述地址信号，从而选通相应的模拟信号通道，以便进行 A/D 变换。
- $D_0 \sim D_7$：数字信号输出。
- START：启动信号，为了启动 A/D 变换过程，应在此引脚施加一个正脉冲，脉冲的上升沿将所有内部寄存器清零，在其下降沿开始 A/D 变换过程。
- EOC：变换结束，输出信号，高电平有效，在 START 信号上升沿之后 0~3 个时钟周期内，本信号变为低电平，当变换结束，所有数据可以读出时，本信号变为高电平。
- OE：输出允许信号，高电平有效，本信号为高电平时，可将输出寄存器中的数据送到数据总线上。
- V_{CC}：接电源端。
- GND：接地端。

DAC0832 各引脚含义如下。

- $\overline{CS}$：片选信号，低电平有效，与 ILE 信号合起来共同控制$\overline{WR_1}$信号作用。
- ILE：输入寄存器允许信号，高电平有效。
- $\overline{WR_1}$：写信号 1，低电平有效，用来把数据总线的数据输入锁存于输入寄存器中，本信号为有效时，必须使$\overline{CS}$和 ILE 信号同时有效。
- $\overline{XFER}$：传送控制信号，低电平有效，用来控制$\overline{WR_2}$。
- $\overline{WR_2}$：写信号 2，低电平有效，用以将锁存于输入寄存器中的数据传送到 8 位 D/A 寄存器锁存起来，此时$\overline{XFER}$应有效。
- $D_{I0} \sim D_{I7}$：数据输入，其中 D_{I0} 为最低位，D_{I7} 为最高位，未使用的数据输入端应接地，悬空的 D_{IN} 端将视同 1。
- I_{OUT1}：DAC 输出电流 1，当输入数字为全 1 时，电流值最大，反之最小。
- I_{OUT2}：DAC 输出电流 2，$I_{OUT1} + I_{OUT2} = V_{REF}(1 - 1/256)/R$。
- R_{FB}：反馈电阻，由于芯片内具有反馈电阻，所以本端可与外接运放的输出端短接。

- V_{REF}：基准电压，通过它将外部高精度电压源接至梯形电压网络，电压范围为 $-10 \sim +10V$，也可以连接其他 D/A 转换器的电压输出端。
- V_{CC}：接电源端，范围为 $+5 \sim +15V$。
- AGND：模拟接地端。
- DGND：数字接地端，可与 AGND 接在一起。

2.10.4 实验内容

1. 基础实验部分

（1）A/D 转换功能测试

按图 2-103 所示连接电路。

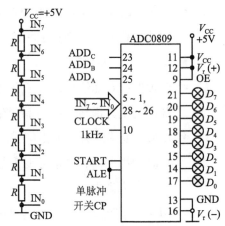

图 2-103　A/D 转换电路图

1）用 7 个电阻构成分压器，得到 $IN_0 \sim IN_7$ 分压，把它们分别接到 ADC0809 的相应端口。ADC0809 的 ADD_C、ADD_B、ADD_A 接 3 个逻辑开关 K_3、K_2、K_1，使得任一时刻只有一个模拟通道在工作；CLOCK 接 1kHz 脉冲信号，START 和 ALE 并接在单脉冲开关 P 上，输出 $D_7 \sim D_0$ 接 8 个指示灯，EOC 悬空；V_{CC}、OE、$Vr(+)$ 接 +5V，GND、$Vr(-)$ 接地。

2）逻辑开关 $K_3K_2K_1 = 000$，按一下单脉冲开关 CP，观察 8 个指示灯；改变 $K_3K_2K_1 = 001$，重复操作，直至 $K_3K_2K_1 = 111$。把结果记录在表 2-56。与理论值进行比较，进行误差分析。

要求：先用万用表把模拟量 $IN_0 \sim IN_7$ 测出，写在表格的相应部位，再求得每个通道的数字电压值，与模拟电压值比较，分析误差的原因。

表 2-56　A/D 转换测试表

地址输入			模拟输入	输出数据							
ADD_C	ADD_B	ADD_A	IN(V)	D_7	D_6	D_5	D_4	D_3	D_2	D_1	D_0
0	0	0									
0	0	1									
0	1	0									
0	1	1									
1	0	0									
1	0	1									
1	1	0									
1	1	1									

3）断开连接单脉冲开关 CP，START 和 ALE 接 1Hz。用 74LS90 或者 74LS161 设计一个 $M = 8$，状态对应十进制数（0～7）的二进制计数器，计数器的 CP 接 1Hz，计数器的输出 $Q_2Q_1Q_0$ 分别接 ADD_C、ADD_B、ADD_A，观察 8 个指示灯的变化，与手动时的结果相比较，分析其原因。

（2）D/A 转换功能测试

按图 2-104 所示连接电路。

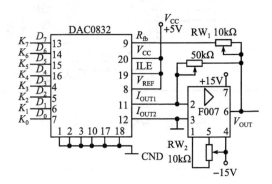

图 2-104 D/A 转换电路图

1）调零：把开关 K_0～K_7 打到 0，调节电位器 RW_1 和 RW_2，使 DAC 的输出 V_{OUT} 为零。

2）测试：按表 2-57 输入的数据调节开关 K_0～K_7，用万用表分别测试 D/A 转换电压 V_{OUT}，将结果记入表 2-57 中，与理论值比较，进行误差分析。

表2-57 D/A 测试表

输入数字信号								$V_{CC} = +5V$ V_{OUT}/V	$V_{CC} = +15V$ V_{OUT}/V
D_7	D_6	D_5	D_4	D_3	D_2	D_1	D_0		
1	1	1	0	0	1	1	0		
1	1	0	0	1	1	0	0		
1	0	1	1	0	0	1	1		
1	0	0	1	1	0	1	0		
1	0	0	0	0	0	0	0		
0	1	1	0	0	1	1	0		
0	1	0	0	1	1	1	1		
0	0	1	1	0	0	1	1		

2. 提高部分

（1）用 ADC0809 和适当的器件制作一个十六位的 A/D 变换器。要求写出设计过程，画出电路图。

（2）利用 DAC0832 和时序网络构成阶梯波产生电路，如图 2-105 所示。阶梯波的波形如图 2-106 所示，其中 T 为时钟信号 CP 的周期。试设计电路中的时序网络部分。

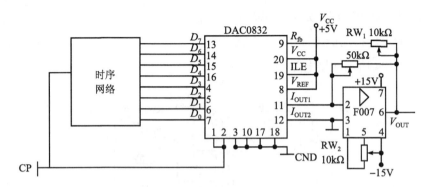

图 2-105　阶梯波产生电路

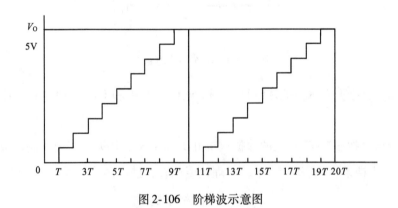

图 2-106　阶梯波示意图

（3）用 Multisim 仿真软件来设计和实现提高部分实验（1）和（2）。

2.10.5 思考题

1. 如在模拟数字变换中，最小分辨率是什么意思？基础实验部分实验（1）中的最小分辨率如何计算，如果把分辨率提高为目前的 4 倍，可以采取什么措施？

2. 在 A/D 变换中如果想得到输出 $D_7 \sim D_0 = 01111111$，输入模拟的电压应该是多少？如果得到 $D_7 \sim D_0 = 10000000$，那对应的模拟输入又是多少？如果得到的数字部分相同，输入的模拟部分不相同可以吗，为什么？

3. A/D 转换实验中，输入电压多少为最大值，此时输出 $D_7 \sim D_0$ 为何值？

4. 如果 DAC0832 中测到的模拟结果都比实际值大一个固定值，问题有可能出在哪里？

2.11 脉冲波形的产生与整形

2.11.1 实验目的

（1）了解目前较常用的几种方波产生电路。

（2）熟悉555内部结构及其工作原理。

（3）掌握用555定时器组成的常用脉冲单元电路。

（4）掌握用示波器测量脉冲参数的方法。

2.11.2 实验仪器与器件

本实验所需仪器及器件如表2-58所示。

表2-58 实验所需仪器及器件

序号	仪器或器件名称	型号或规格	数量
1	双踪示波器		
2	逻辑实验箱		
3	指针式万用表		
4	555定时电路		
5	电阻		
6	电容		
7	逻辑门		
8	晶振		
9	PC机和仿真软件		

2.11.3 实验原理

1. 用门电路构成自激振荡器

门电路构成的自激振荡器可分为对称型和非对称型两种，分别如图2-107和图2-108所示，电路各点的输出电压波形分别如图2-109和图2-110所示。

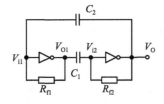

图2-107 门电路对称型自激振荡器

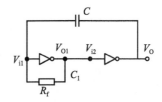

图2-108 门电路非对称型自激振荡器

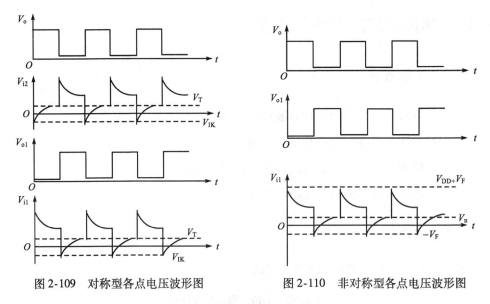

图 2-109　对称型各点电压波形图　　　　图 2-110　非对称型各点电压波形图

2. 用石英晶体和适当门电路构成的石英晶体振荡器

石英晶体是将天然或人造的石英单晶沿一定方向切割后制成的，它具有压电效应，加电压后能产生稳定度极高的晶振频率。石英晶振的等效电路及阻抗特性如图 2-111 所示，用石英晶振构成的振荡电路如图 2-112 所示。

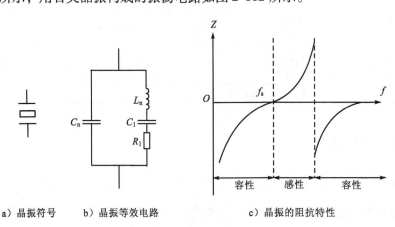

a）晶振符号　　　b）晶振等效电路　　　　c）晶振的阻抗特性

图 2-111　晶振、等效电路和各个频率段的阻抗特性

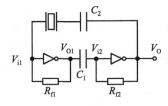

图 2-112　石英晶振和电容、电阻、门电路构成的多谐振荡器

3. 555定时器的应用

555定时器是一种将模拟功能与逻辑功能相结合的多用途单片集成电路，可以产生时间迟延和多种脉冲信号，电路功能灵活、负载能力强、应用范围广。只要在外部配上几个适当的阻容元件，就可构成单稳态触发器、多谐振荡器和施密特触发器等脉冲产生与整形电路，在工业自动控制、定时、测量及家用电器等方面有广泛的应用。

555定时器的内部电路结构如图2-113所示，它包括电压比较器 CA_1 和 CA_2、基本RS触发器、泄放晶体管 T_r 及三个5k电阻构成的分压器四部分组成。CA_1 和 CA_2 是两个结构完全相同的高精度电压比较器，比较器有两个输入端，分别标有" + "和" – "，如果 $V_+ > V_-$，比较器输出 V_{CA} 为高电平（$V_{CA} = 1$），反之输出 V_{CA} 为低电平（$V_{CA} = 0$）。比较器的参考电压由电阻分压器决定，在控制电压输入CV端（接于 CA_1 " – "端，参考电压为 V_{RH}）悬空时，$V_{RH} = 2V_{CC}/3$，而接于

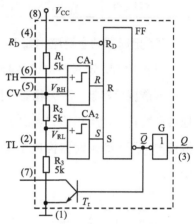

图2-113 555内部结构图

CA_2 " + "端上的参考电压 $V_{RL} = V_{CC}/3$；若控制电压输入CV端外接另一固定电压 V_{CV}，则 $V_{RH} = V_{CV}$，$V_{RL} = V_{CV}/2$。CA_1 的" + "端就是555的正跳变触发端TH，而 CA_2 的" – "端则是555的负跳变触发端TL。基本触发器的 R_D 端为直接清零端，低电平有效，平时可接电源 V_{CC}；泄放晶体管 T_r 提供外接电容的放电回路，故 T_r 又称为放电管；另外当控制电压输入CV端不用时可对地接一个去耦电容。

555定时器既有双极型晶体管的，又有MOS管的，引脚排列如图2-114所示，逻辑符号如图2-115所示，555定时器的功能如表2-59所示。

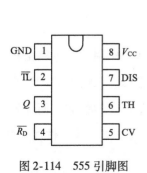

图2-114 555引脚图

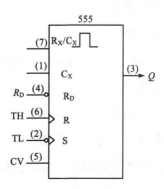

图2-115 555逻辑符号图

表 2-59　555 功能表

输入			输出	
正跳变触发 TH	负跳变触发 TL	复位 R_D	放电管 T_r	输出 Q
×	×	0	导通	0
$<2V_{CC}/3$	$<V_{CC}/3$	1	截止	1
$>2V_{CC}/3$	$>V_{CC}/3$	1	导通	0
$<2V_{CC}/3$	$>V_{CC}/3$	1	不变	不变

555 定时器的主要应用如下。

（1）用 555 定时器构成多谐振荡器

多谐振荡器是一种无稳态电路，接通电源以后，无须外加触发信号，就能不断地自动翻转，产生矩形波。由于这种矩形波中含有很多谐波分量，因此称之为多谐振荡器。用 555 定时器构成多谐振荡器的电路见图 2-116，其工作波形如图 2-117所示。

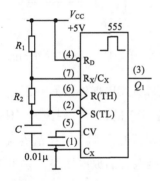

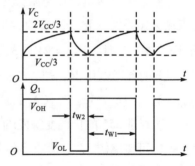

图 2-116　555 构成多谐振荡器　　　　图 2-117　555 构成的多谐波振荡器输出波形图

暂稳态持续时间为 $t_{W1} \approx 0.7(R_1 + R_2)C$；$t_{W2} \approx 0.7R_2C$

脉冲周期为 $T = t_{W1} + t_{W2}$

占空比为 $q = t_{W1}/T$

（2）用 555 定时器构成单稳态触发器

单稳态触发器只有一个稳定状态，在外界触发脉冲作用下，电路由稳态翻转到暂稳态，暂稳态维持一段时间后，电路自动返回到稳态。在输出端产生一个宽度为 t_W 的矩形脉冲。暂稳态维持时间的长短仅取决于电路本身的参数，而与外界触发脉冲无关。用 555 定时器构成单稳态触发器的电路见图 2-118，其工作波形如图 2-119所示。

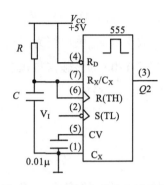

图 2-118　555 构成单稳态触发器

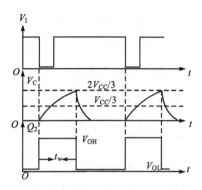

图 2-119　555 构成单稳态触发器输出波形图

暂稳态持续时间为：$t_W \approx 1.1RC$。

（3）555 构成施密特触发器

电路如图 2-120a 所示。在输入电压 V_i 从 0 升高的过程中（V_{c1} 为 555 中 R 端的逻辑电平，V_{c2} 为 555 中 S 端的逻辑电平），当 $V_i < 1/3V_{CC}$ 时，$V_{c1} = 0$、$V_{c2} = 1$，$V_o = V_{OH}$。当 $1/3V_{CC} < V_i < 2/3V_{CC}$ 时，$V_{c1} = V_{c2} = 0$，故 $V_o = V_{OH}$ 不变。当 $V_i > 2/3V_{CC}$ 后，$V_{c1} = 1$、$V_{c2} = 0$，故 $V_o = V_{OL}$ 输出变为低电平，因此 $2/3V_{CC}$ 是它的接通电位 V_{T+}，如图 2-120b 所示。

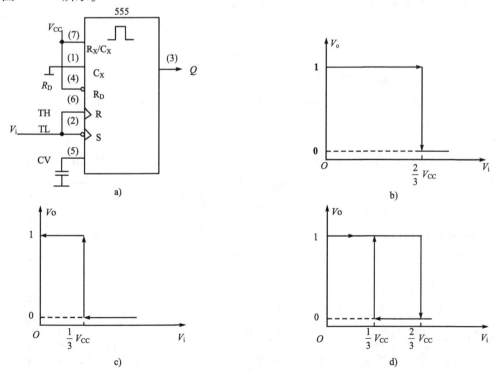

图 2-120　用 555 电路组成的施密特电路及其电压传输特性

再分析 V_i 从高于 $2/3V_{CC}$ 开始下降的过程，$1/3V_{CC} < V_i < 2/3V_{CC}$ 时，$V_{c1} = V_{c2} = 0$，故 $V_o = V_{OL}$ 不变。当 $V_i < 1/3V_{CC}$ 后，$V_{c1} = 0$、$V_{c2} = 1$，故 $V_o = V_{OH}$ 输出变为高电平，因此 $1/3V_{CC}$ 是它的断开电位 V_{T-}，如图 2-120c 所示。图 2-120d 为该施密特触发器的电压传输特性，回差电压 $\Delta V_T = V_{T+} - V_{T-} = 2/3V_{CC} - 1/3V_{CC} = 1/3V_{CC}$。

2.11.4　实验内容

1. 基础实验部分

（1）用 555 定时器构成多谐振荡器与单稳态触发器，给定 $R_1 = R_2 = 100k$，$C = 5000p$。

要求：用双踪示波器分别观察 V_c 及 Q 端输出波形，从而测量脉冲参数 t_{W1}、t_{W2}、V_{OH}、V_{OL}，并与理论值比较，计算 T、f。保留此电路，作为下一个 555 单稳态触发器的信号输入。

用另一个 555 定时器构成单稳态触发器，给定 $R = 100k$，$C = 5000p$，用以上构成的多谐振荡器的输出作为单稳态触发器的触发信号。

要求：用双踪示波器分别观察 V_i 与 V_c 以及 V_c 与 Q 的输出波形。从示波器显示的波形测量脉冲参数 t_W、V_{OH}、V_{OL}，并与理论值比较。计算 T、f、q。

（2）用 555 定时器设计一个时间迟延电路。该电路对某一脉冲信号的边沿延迟 $45\mu s$，输出一个极性相同，脉冲宽度 $t_W = 20\mu s$ 的脉冲信号。用双踪示波器分别观察原信号和延迟后的电路输出信号，并记录波形图。

要求：写出设计全过程，并计算出各个元器件的参数，画出电路图。

2. 提高部分

（1）用 555 和适当的元器件构成一个电路，把一个三角波变换成相同频率的矩形波。（提示：用 555 构成一个施密特触发器，只要把三角波作为施密特触发器的输入信号，输出端即可得到矩形波。）

（2）用 555 和适当的器件设计一个音频变换器（提示：用 555 产生一个多谐振荡器，频率在音频信号范围内，通过改变充放电电路的电阻值或者电容值来产生不同频率的多谐振荡器，从而达到音频变换的效果）。参考电路如图 2-121 所示。

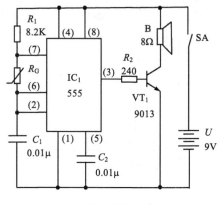

图 2-121　音频变换器参考电路

（3）用 Multisim 仿真软件来仿真图 2-107、图 2-108、图 2-112、图 2-116 以及基础实验（1）、（2）和提高部分（1）、（2）。

2.11.5　思考题

1. 用 555 定时器构成多谐振荡器，只改变振荡周期不改变占空比，应调整哪一个元件参数？

2. 用 555 定时器构成单稳态触发器，输出脉冲宽度 t_W 大于输入触发信号的周期，将会出现什么现象？

3. 能不能用施密特触发器设计一个多谐振荡器，应该怎样设计？

第3章 电路仿真设计软件 Multisim 在数字电路实验中的应用

3.1 Multisim 10 简介

Multisim 是一种交互式电路模拟软件,由隶属于美国国家仪器公司的 Electronics Workbench 公司开发。Multisim 10 软件包括 Ultiboard 10 和 Ultiroute 10。这些产品都是 Electronics Workbench 10 系列设计套件的组成部分。它可以实现原理图输入、全部的数/模 Spice 仿真、VHDL/Verilog 设计接口与仿真、FPGA/CPLD 综合、RF 设计、PCB 布线工具包的无缝隙数据传输和后处理等多种功能;它将虚拟仪器技术的灵活性扩展到了电子设计者的工作台上,弥补了测试与设计功能之间的缺口;是一种紧密集成、终端对终端的解决方案,工程师利用这一软件可有效地完成电子工程项目从最初的概念建模到最终设计成品的全过程。

启动 Multisim 10 得到如图 3-1 所示的用户界面,在初始状态下,电路选用默认用户状态,其电路窗口为带黑色网格的背景,也可以根据用户的喜好来配置设计界面。在图 3-1 中有丰富的工具栏,因此在讲解 Multisim 时将重点介绍工具栏。

3.2 Multisim 菜单栏

在讲解工具栏前,先简单介绍一下菜单栏,对于设计者来说这一块也是非常重要的部分,而对这部分内容的掌握需要设计者自己研究和体会。希望读者好好研究一下 Multisim 10 软件自带的介绍性文件,文件路径为:安装目录 \ National Instruments \ Circuit Design Suite 10.0 \ documentation;Multisim 10 User Guide. pdf,Ultiboard 10 User Guide. pdf,Multisim 10 MCU Module User Guide. pdf 和 Multisim 10 Component Reference Guide. pdf。特别是 Multisim 10 User Guide. pdf,它对于初学者非常有帮助,建议深入研究。

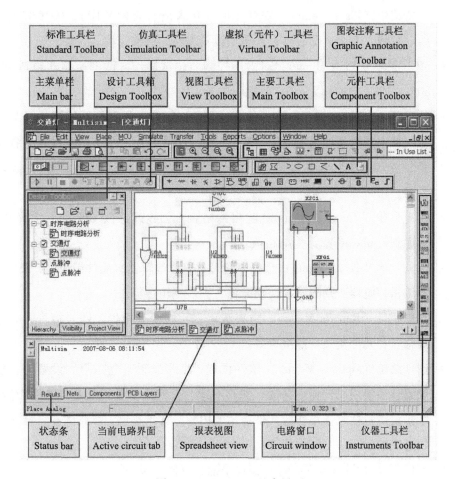

图 3-1　Multisim 10 基本界面

Multisim 菜单栏如图 3-2 所示。

图 3-2　Multisim 菜单栏

Multisim 菜单包括以下几个部分。

- 文件菜单（File Menu）：新文件的创建，打开、关闭、保存文件或项目组，打印预览及打印相关设置。
- 编辑菜单（Edit Menu）：剪切、复制、粘贴、删除、撤销和重做，以及对器件的旋转操作等。
- 视图菜单（View Menu）：工具条，显示图形边界，放大、缩小窗口等。

- 安置菜单（Place Menu）：安置元件（包含所有元件的库），安置节点、连线、总线、文本、图表等，还包括设置电路的层次结构。
- MCU 菜单（View Menu）：对微型控制器调试操作，微型控制器包括 8051、8052、PIC、RAM 以及 ROM 等元件。
- 仿真菜单（Simulate Menu）：仿真的开始、暂停，仿真仪器的添加（与直接从仪器工具栏添加仪器效果一样），默认仪器设置，数字仿真设置，各种电路分析方法及后处理分析，仿真误差设置和记录，以及全部元件容差设置等。
- 传递菜单（Transfer Menu）：输出网格表，创建或修改 Ultiboard 注释文件，传递到 Ultiboard 或其他电路板。
- 工具菜单（Tools Menu）：数据库管理，符号编辑器，元件编辑器，555 定时器编辑，电器法则测试，替换元件，图表编辑器等。
- 报告菜单（Reports Menu）：材料清单，元件细节报告，网表报告，简要统计报告，元件交叉参照报告等。
- 选项菜单（Options Menu）：软件设置，纸张设置，电路限制设置等；软件设置包括使用元件保存路径，保存形式，元件模型设置及常规命令设置等；纸张设置包括放在工作区元件显示的内容，背景颜色，纸张大小、样式，所用连线的粗细及字体设置等。
- 窗口菜单（Window Menu）：窗口平铺、重排、层叠等。
- 帮助菜单（Help Menu）：Multisim 帮助内容查找，元件参数信息，文件信息等。

3.3　Multisim 工具栏

常用的 Multisim 工具栏如下所示：

- 标准工具栏（Standard Toolbar）；
- 主要工具栏（Main Toolbar）；
- 视图工具栏（View Toolbar）；
- 仿真工具栏（Simulation Toolbar）；
- 元件工具栏（Components Toolbar）；
- 虚拟（元件）工具栏（Virtual Toolbar）；
- 图表注释工具栏（Graphic Annotation Toolbar）；

- 仪器工具栏（Instruments Toolbar）。

有两种方法设置工具栏。一种方法为：单击菜单栏中视图菜单（View），鼠标移到工具栏选项（Toolbar），单击想要显示在窗体中的工具。另一种方法为：右键单击窗体，然后在弹出的菜单中选择需要显示的工具栏。

3.3.1　标准工具栏

标准工具栏包含执行普通操作的按钮，如图3-3所示。

图3-3　标准工具栏

标准工具栏按钮描述如表3-1所示。

表3-1　标准工具栏按钮介绍

按钮	描述
	新建按钮：新建一个电路文件
	打开举例按钮：打开文件夹所包含的举例文件
	打开按钮：打开一个现有的电路文件
	保存按钮：保存当前电路文件
	打印电路按钮：打印当前电路文件
	打印预览按钮：预览需要打印的电路文件
	剪切按钮：将所选择的内容剪切到窗口剪贴板上
	复制按钮：将所选择的内容复制到窗口剪贴板上
	粘贴按钮：将窗口剪贴板上的内容粘贴到所指定的位置
	撤销按钮：撤销最近进行的行动
	重做按钮：重做最近执行的撤销

3.3.2　仿真工具栏

仿真工具栏包含执行仿真操作的按钮，如图3-4所示。

图3-4　仿真工具栏

仿真工具栏按钮描述如表3-2所示。

表 3-2 仿真工具栏按钮介绍

按钮	描述
▷	Run/resume 仿真按钮：开始或重新开始仿真当前电路
❚❚	暂停仿真按钮：暂停仿真当前电路
■	停止仿真按钮：停止仿真当前电路
◎	停留在下一个 MCU 模块按钮：在 Multisim 的 MCU 模块中使用
⤵	进入按钮：在 Multisim 的 MCU 模块中使用，进入该 MCU 模块仿真
⤳	跳过按钮：在 Multisim 的 MCU 模块中使用，跳过该 MCU 模块仿真
⤴	跳出按钮：在 Multisim 的 MCU 模块中使用，跳出该 MCU 模块仿真
⤒	运行游标按钮：在 Multisim 的 MCU 模块中使用，运行到 MCU 模块标记处
◉	设置转换点按钮：在 Multisim 的 MCU 模块中使用
◈	撤销所有转换点按钮：在 Multisim 的 MCU 模块中使用

3.3.3 主要工具栏

主要工具栏包括主要工具栏按钮，如图 3-5 所示。

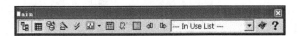

图 3-5 主要工具栏

主要工具栏按钮描述如表 3-3 所示。

表 3-3 主要工具栏按钮介绍

按钮	描述
▣	设计工具箱开关按钮：变换设计工具箱的打开和关闭
▦	报表视图开关按钮：变换报表视图的打开和关闭
▤	数据库管理按钮：导出数据库管理对话框
▨	创建元件按钮：导出特定元件
⚡	Run/stop 仿真按钮：开始或暂停当前电路的仿真
▦▾	Grapher/Analyses 按钮：打开自动记录框或各种分析框
▦	Postprocessor 按钮：打开事后处理程序对话框
▨	电路规则检查按钮：检查电路接线等电路规则
◁	Ultiboard 向后附注按钮
▷	向前附注按钮
…IN Use List…	In Use List：点击箭头显示使用过的电路元件
?	帮助按钮：打开帮助文件

3.3.4 视图工具栏

视图工具栏包括视图工具按钮，如图 3-6 所示。

图 3-6　视图工具栏

视图工具栏按钮描述如表 3-4 所示。

表 3-4　视图工具栏按钮介绍

按钮	描述
	全荧光屏开关按钮：全屏显示唯一工作区，没有工具栏或菜单项目
	放大按钮：放大当前电路窗口
	缩小按钮：缩小当前电路窗口
	放大选择区按钮：左键拖动鼠标选择一个工作的区域进行放大
	全页显示按钮：显示整个电路工作区

3.3.5　虚拟（元件）工具栏

虚拟（元件）工具栏包括虚拟（元件）工具按钮，如图 3-7 所示。

图 3-7　虚拟（元件）工具栏

虚拟（元件）工具栏按钮描述如表 3-5 所示。

表 3-5　虚拟（元件）工具栏按钮介绍

按钮	描述
	显示电源元件按钮：显示电源元件工具栏，按钮包含常用的电源元件
	显示信号源元件按钮：显示信号源元件工具栏，按钮包含常用的信号源元件
	显示基本元件按钮：显示基本元件工具栏，按钮包含各种基本的元件
	显示二极管元件按钮：显示二极管元件工具栏，按钮包含常用二极管元件
	显示三极管元件按钮：显示三极管元件工具栏，按钮包含常用三极管元件
	显示模拟元件按钮：显示模拟元件工具栏，按钮包含常用模拟元件
	显示未归类元件按钮：显示未归类元件工具栏，按钮包含常用未归类元件
	显示测量元件按钮：显示测量元件工具栏，按钮包含常用测量元件

3.3.6　元件工具栏

元件工具栏包含元件按钮，如图 3-8 所示。

图 3-8　元件工具栏

元件工具栏按钮描述如表 3-6 所示。

表 3-6　元件工具栏按钮介绍

按钮	描述
	电源按钮：在该浏览器小组选择各种电源元件
	基本按钮：在该浏览器小组选择常用的基本元件
	二极管按钮：在该浏览器小组选择各种二极管元件
	三极管按钮：在该浏览器小组选择各种三极管元件
	模拟元件按钮：在该浏览器小组选择各种模拟元件
	TTL 按钮：在该浏览器小组选择 TTL 集成元件
	CMOS 按钮：在该浏览器小组选择 CMOS 集成元件
	未归类数字元件按钮：在该浏览器小组选择未归类数字的元件
	未归类元件按钮：在该浏览器小组选择未归类的元件
	显示按钮：在该浏览器小组选择各种显示元件，如 LED
	混合按钮：在该浏览器小组选择其他的元件，如晶体振荡器
	机械按钮：在该浏览器小组选择带机械操作的元件，如开关
	RF 按钮：在该浏览器小组选择各种 RF 元件
	模块按钮：将打开的文件设置为模块
	先进外围设备按钮：在该浏览器小组选择先进的外围设备
	MCU 模块按钮：在该浏览器小组选择 MCU 块元件

3.3.7　图表注释工具栏

图表注释工具栏包含图表注释工具按钮，如图 3-9 所示。

图 3-9　图表注释工具栏

图表注释工具栏按钮描述如表 3-7 所示。

表 3-7　图表注释工具栏按钮介绍

按钮	描述
	设置文本按钮：在需要输入文本的工作区设置文本框

（续）

按钮	描述
＼	线条按钮：点击这个按钮画线条
≤	多行线按钮：点击这个按钮画多行线
□	长方形按钮：点击这个按钮画长方形
○	椭圆按钮：点击这个按钮画椭圆
＞	弧线按钮：点击这个按钮画弧线
区	多角形按钮：点击这个按钮得出多角形
图	图片按钮：点击这个按钮在工作区加载图片
匚	设置评论按钮：点击这个按钮在工作区设置评论

3.3.8　仪器工具栏

仪器工具栏包含仪器工具按钮，如图 3-10 所示。

图 3-10　仪器工具栏

仪器工具栏按钮描述如表 3-8 所示。

表 3-8　仪器工具栏按钮介绍

按钮	描述
数	数字万用表（Multimeter）按钮：在工作区安置一个数字万用表
信	信号发生器（Function Generator）按钮：在工作区安置一台信号发生器
功	功率计（Wattmeter）按钮：在工作区安置一台功率计
四	四通道示波器（Four Channel Oscilloscope）按钮：在工作区安置一台四通道示波器
波	波特图仪（Bode Plotter）按钮：在工作区安置一个波特图仪
频	频率计数器（Frequency Counter）按钮：安置一个频率计数器在工作区
字	字信号发生器（Word Generator）按钮：在工作区安置一个字信号发生器
逻	逻辑分析仪（Logic Analyzer）按钮：在工作区安置一个逻辑分析器
逻	逻辑转换仪（Logic Converter）按钮：在工作区安置一个逻辑转换器
伏	伏安特性分析仪（IV Analysis）按钮：在工作区安置一台伏安特性分析仪
失	失真度仪（Distortion Analyzer）按钮：在工作区安置一台失真度仪
频	频谱分析仪（Spectrum Analyzer）按钮：在工作区安置一个频谱分析仪
网	网络分析仪（Network Analyzer）按钮：在工作区安置一台网络分析仪
模	模拟 Agilent 函数信号发生器按钮：在工作区安置一台模拟 Agilent 函数信号发生器

（续）

按钮	描述
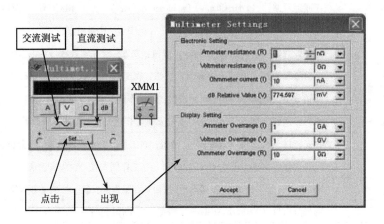 模拟 Agilent 万用表按钮：在工作区安置一个模拟 Agilent 万用表	

按钮	描述
	模拟 Agilent 万用表按钮：在工作区安置一个模拟 Agilent 万用表
	模拟 Agilent 示波器按钮：在工作区安置一台模拟 Agilent 示波器
	Tektronix 示波器按钮：在工作区安置一台 Tektronix 示波器
	当前探针按钮：在工作区安置一根当前探针
	LabVIEW 仪器按钮：在工作区安置一台 LabVIEW 仪器
	测量探针按钮：在任一根导线上安置一根探针测量那里的电压、电流和频率
	示波器（Oscilloscope）按钮：在工作区安置一台示波器

3.4　Multisim 中常用仪器简介

3.4.1　数字万用表

　　虚拟数字万用表如图 3-11 所示，XMM1 为电路显示样式，双击 XMM1 出现 Multimeter 窗体；Multimeter 为设置测量交流或直流电流、电压、电阻、分贝界面，此图电压和直流按钮被按下表示该表用来测量直流电压；点击 Set… 按钮出现 Multimeter Settings 窗体。Ammeter resistance 表示当测量电流时设置万用表的内阻，Voltmeter reisitance 表示当测量电压时设置万用表的内阻，Ohmmeter ourrent 表示当测量电阻时设置万用表通过的电流，dB Relative Value 表示当测量分贝时设置万用表的电压。Ammeter Overrange 表示设置电流显示范围，Voltmeter Overrange 表示设置电压显示范围，Ohmmeter Overrange 表示设置电阻显示范围。

图 3-11　数字万用表

3.4.2 函数信号发生器

函数信号发生器如图 3-12 所示。

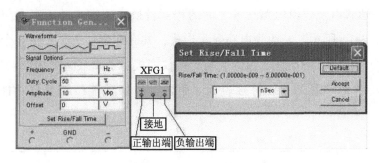

图 3-12　函数信号发生器

XFG1 为电路显示样式，双击 XFG1 出现 Function Generator 窗体，用于设置正弦波/三角波/方波，以及频率、占空比、幅度和相位偏移量。点击 Set Rise/Fall Time 按钮，出现 Set Rise/Fall Time 窗体，设置波形上升、下降时间（只有在选择方波的时候才有效）。

3.4.3 示波器

示波器如图 3-13 所示，XSC1 为电路显示样式，双击 XSC1 出现 Oscilloscope-XSC1 窗体，在一般情况下，示波器的触发端可以悬空。

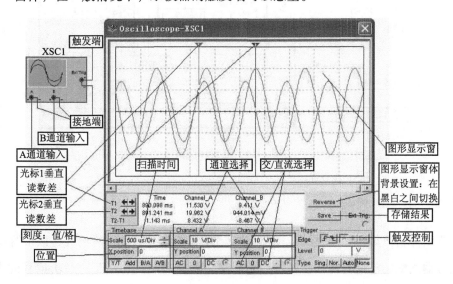

图 3-13　示波器

3.4.4 逻辑转换仪

逻辑转换仪（Logic Converter）是 Multisim 软件特有的仪器，能够完成真值表、逻辑表达式以及逻辑电路三者之间的相互转换，现实中并不存在与此对应的设备。如图 3-14 所示，左边为电路显示形式，共有 9 个端子，包括 8 个输入端和一个输出端，双击该图出现右边的逻辑转换仪面板。逻辑表达式中"与"用"."符号表示，"或"用"＋"符号表示。面板上转换功能按钮具体功能如表 3-9 所示。

表 3-9 逻辑转换仪按钮介绍

按钮	描述
◇ → ɪ0ɪ	该按钮功能是从逻辑电路转换成真值表
ɪ0ɪ → AlB	该按钮功能是真值表转换成逻辑表达式
ɪ0ɪ → AlB	该按钮功能是真值表转换成简化的逻辑表达式
AlB → ɪ0ɪ	该按钮功能是逻辑表达式转换成真值表
AlB → ◇	该按钮功能是由逻辑表达式产生逻辑电路
AlB → NAND	该按钮功能是由逻辑表达式产生全部由与非构成的逻辑电路

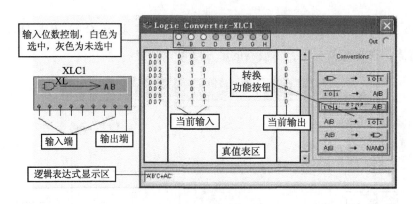

图 3-14 逻辑转换仪

3.4.5 逻辑分析仪

逻辑分析仪如图 3-15 所示，它是记录数字逻辑信号的数字示波器，该仪器有 16位信号输入端、外部时钟端、时钟控制端和触发控制端。它用于对逻辑信号的采集和分析，采集时钟可以设置为外部时钟（External）或内部时钟（Internal）。

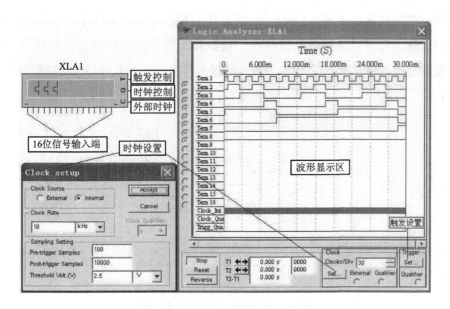

图 3-15　逻辑分析仪

3.5　用 Multisim 分析和设计数字逻辑电路

3.5.1　用 Multisim 分析电路举例

【例3-1】　在如图 3-16 所示电路中，若输入 $VI(T)$ 是宽度为 T_1 的方波，周期 $T = T_1 + T_2$，且 $C_1R_1 << T_1$ 或 T_2，二极管 D_1 是理想的，$R_2 >> R_1$。试用 Multisim 软件进行仿真分析，画出 $V_{O1}(T)$ 和 $V_{O2}(T)$ 的波形图。

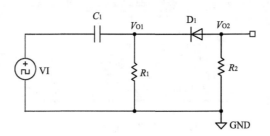

图 3-16　例 3-1 电路

在仿真中各元件取值合理与否是能否观察到波形的关键，在本题中取 $VI(T)$：5V、10Hz，C_1：5 μF，R_1：1kΩ，R_2：10kΩ 就可以满足题目要求，且能够观察到良好的波形。在仿真时，首先可以观察电源输入的波形，然后用示波器输入电源波形和 V_{O1} 或 V_{O2} 的波形，观察波形是否合理。在仿真中若元件取值不合理会使电容充放电时间很短，这时 V_{O1} 或 V_{O2} 波形上升、下降很快，这时可以适当增大 C_1 和 R_1 的值，增大电容充电和放电的时间，观察到的波形就比较明显了。用四路输出的示波器连接电路如图 3-17 所示。输入电压 V_I 与输出电压 V_{O1} 和 V_{O2} 的波形如图 3-18 所示。

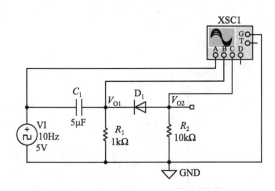

图 3-17　Multisim 连接例 3-1 电路

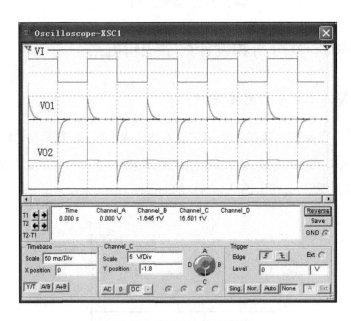

图 3-18　例 3-1 电路波形图

说明： 在观察 V_{O2} 波形时，仿真显示的波形与理想图之间有点区别，原因是仿真时二极管不是理想二极管，在方波上升沿时 V_{O2} 输出有毛刺。

【例 3-2】 试分析图 3-19 所示的计数电路，试画出其输出 Q_A、Q_B、Q_C、Q_D 及预置信号 q 的波形，其预置数 DCBA 端为 0111，请指出计数模 M 为多少？哪几个波形适宜于作为分频波形输出？

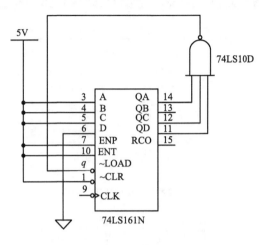

图3-19   计数电路

分析：74LS161N 芯片的功能：当 ENP = 1、ENT = 1、CLR = 1、LOAD = 1 时，在 CLK 脉冲的下降沿，芯片实现计数功能；当 ENP = 1、ENT = 1、CLR = 1、LOAD = 0 时，在 CLK 脉冲的下降沿，芯片实现置数功能。仿真中 $Q_DQ_CQ_BQ_A$ 的初始状态为 0000，随着脉冲下降沿的到来，芯片从 0000 开始计数。当 $Q_DQ_CQ_BQ_A = 1101$ 时，LOAD 端输入为 0，来一个下降沿后，芯片置数，$Q_DQ_CQ_BQ_A = 0111$，之后芯片又进入计数状态，输出在 $Q_DQ_CQ_BQ_A = 0111$ 和 $Q_DQ_CQ_BQ_A = 1101$ 之间进行。仿真的电路连接和波形观测如图 3-20 和图 3-21 所示。

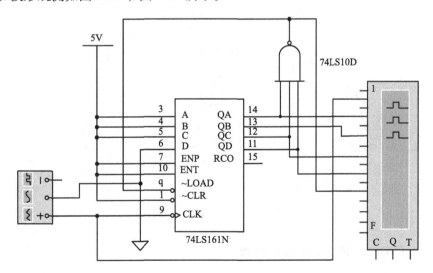

图3-20   Multisim 连接例 3-2 电路

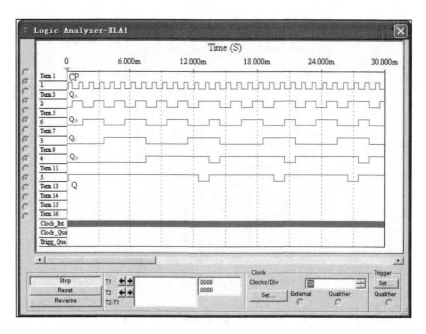

图 3-21　例 3-2 电路波形图

波形分析：$Q_D Q_C Q_B Q_A$ 的初始状态为 0000，每来一个下降沿脉冲计一次数，当 $Q_D Q_C Q_B Q_A = 1101$ 时，~LOAD 端输入为 0，来一个下降沿后，芯片置数，$Q_D Q_C Q_B Q_A = 0111$，之后芯片又进入计数状态，输出 $Q_D Q_C Q_B Q_A$ 在状态 0111 和 1101 之间。因此，计数模 $M = 7$，适宜于作为分频波形输出的为 Q_D 和 Q_C，其状态转换图如图 3-22 所示。

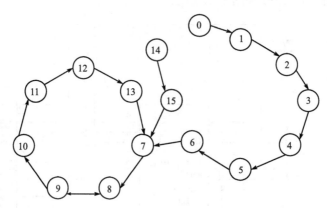

图 3-22　例 3-2 状态转换图

3.5.2　用 Multisim 设计组合电路

用逻辑转换仪设计一位全加器，求出真值表，逻辑表达式和电路图。一位全加器是最基本的逻辑运算，它的输入包含加数 A 和被加数 B 以及低位向本位的进位位 CI，输出包含和数 S 以及本位向高位的进位位 CO。其真值表如表 3-10 所示。在用 Multisim 设计前先介绍一下设计框图，由于 Multisim 可以进行多层次电路设计，因此可以分别对 S 和 CO 进行设计，并且每一个作为一个模块，如图 3-23 所示。

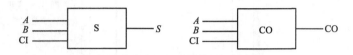

图 3-23　全加器设计框图

表 3-10　全加器真值表

输入			输出	
A	B	CI	S	CO
0	0	0	0	0
0	0	1	1	0
0	1	0	1	0
0	1	1	0	1
1	0	0	1	0
1	0	1	0	1
1	1	0	0	1
1	1	1	1	1

用 Multisim 新建一个文件，点击新建文件按钮，然后保存文件为"一位全加器"。先新建一个模块 S，点击 Place→New Subcircuit…出现名为 Subcircuit Name 的窗体，如图 3-24 所示，取名为 S，点击 OK 按钮。然后将模块点击到设计窗口，这时在设计工具栏（Design Toolbox）一位全加器的下一层出现一个 S（X1）文件，并在窗体上显示模块 X1，如图 3-25 所示。

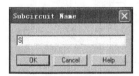

图 3-24　模块命名

图 3-25　模块显示样式

然后双击 X1 模块，出现模块（Hierarchical Block/Subciruit）窗体，单击 Label 页面 Edit HB/SC 按钮，出现 S（X1）设计窗口。将逻辑转换仪加到窗体，并双击逻辑转换仪。输入 $S(A，B，CI)$ 的真值表，单击逻辑转换仪面板顶部代表输入端的小圆圈，选定输入信号 A、B、C（C 代替 CI），然后单击输出端（每一个都可以按 X、0、1 三个状态切换）按真值表输入即可，如图 3-26 所示。

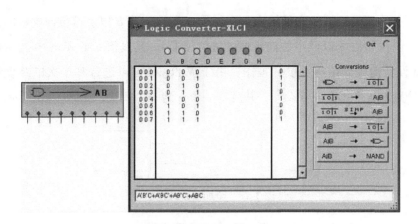

图 3-26 逻辑转换仪界面内容

然后点击 $\boxed{\text{101} \rightarrow \text{AIB}}$ 或 $\boxed{\text{101} \text{ SIMP} \text{ AIB}}$ 得到逻辑表达式： $A'B'C + A'BC' + AB'C' + ABC$。逻辑函数将会出现在逻辑转换仪面板下部文本框内，再点击 $\boxed{\text{AIB} \rightarrow \text{▷}}$ 或 $\boxed{\text{AIB} \rightarrow \text{NAND}}$，逻辑转换仪将会自动生成电路。最后将输入 A、B、C 及输出换成接口线，接口线在菜单栏连线框内，具体位置：Place→Connectors→HB/SC Connector。如图 3-27 所示，点击保存按钮，在一位全加器窗口将会出现包含三个输入端和一个输出端的 X1 模块如图 3-28 所示。

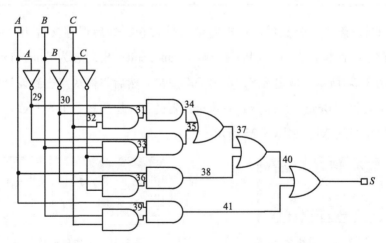

图 3-27 逻辑转换仪生成电路

同理加入 X2(CO) 模块，用逻辑转换仪得到 CO 的逻辑表达式： $AC + AB + BC$。然后添加三个双路选择输入开关（元件工具栏→基本元件库（Basic）→SWITCH→SPDT），并将三个开关的快捷键分别设置为 A、B、C（双击开关，设置快捷键选项—Key for Switch）；再加两个指示灯（元件工具栏→Indicators→PROBE→PROBE_

BLUE/PROBE_RED）；然后添加电源和地，连成电路，然后运行电路，用开关调试各种状态看其是否正确，如图3-28所示。

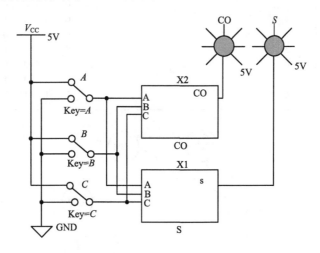

图3-28 Multisim模块化设计全加器电路

3.5.3 用Multisim设计时序电路

用74LS90及与非门设计六进制计数器，要求输出采用8421BCD码，清零方式，并得出状态转换图和时序图。根据题意，由于74LS90可以接成8421BCD码输出方式如图3-29a所示和5421BCD码输出方式如图3-29b。

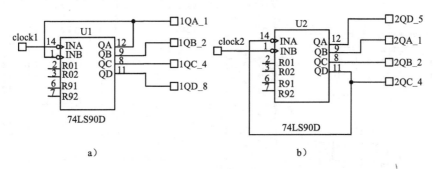

图3-29 74LS90接成8421BCD码和5421BCD码的输出方式

表3-11为输出转换表，图3-30为状态转换图。由于要用清零方式，根据74LS90异步清零和异步置9的特性，所以当输出为（0110）8421BCD＝6时立刻清零，此状态在时序图中很短，几乎看不到。当然如果采用同步清零的计数集成块，则应该在（0101）8421BCD＝5时清零，而该状态在时序图中出现的时间是完整的一个时钟周期。如图3-31所示为电路和输出时序图，信号源采用函数信号发生器，采用方波信号，1kHz，5Vpp，占空比为50%，用逻辑分析仪看时序波形。

表 3-11　模六 8421BCD 码转换表

序号	Q_D Q_C Q_B Q_A
0	0　0　0　0
1	0　0　0　1
2	0　0　1　0
3	0　0　1　1
4	0　1　0　0
5	0　1　0　1
6	0　1　1　0

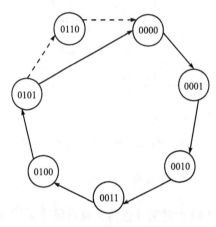

图 3-30　模六状态转换图

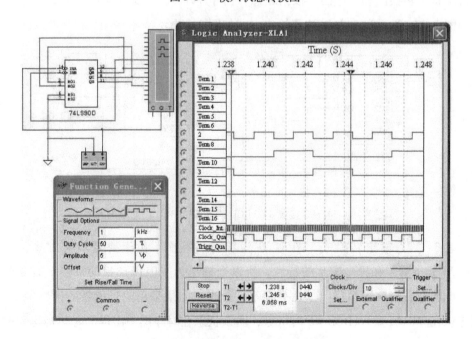

图 3-31　模六 8421BCD 码电路及仿真结果

第 4 章

组合电路的自动化设计、仿真及实现

4.1 Quartus II 简介

Altera 公司是世界上最大的可编程逻辑器件供应商之一，Quartus II 是 Altera 公司提供的 FPGA/CPLD 集成综合开发工具。Quartus II 软件支持百万门级以上的逻辑器件的开发，提供了一种与结构无关的设计环境，使设计者能方便地进行设计输入、综合适配和器件编程。它是一款界面友好、易上手使用的开发软件。

4.1.1 Quartus 软件的特点

Altera 的 Quartus II 提供了完整的多平台设计环境，能满足各种特定设计的需要，也是单芯片可编程系统（SOPC）设计的综合性环境和 SOPC 开发的基本设计工具，并为 Altera DSP 开发包进行系统模型设计提供了集成综合环境。Quartus II 设计工具完全支持 VHDL、Verilog 的设计流程，其内部嵌有 VHDL、Verilog 逻辑综合器。Quartus II 也可以利用第三方的综合工具，如 Leonardo Spectrum、Synplify Pro、FPGA Compiler II，并能直接调用这些工具。同样，Quartus II 具备仿真功能，同时也支持第三方的仿真工具，如 ModelSim。此外，Quartus II 与 MATLAB 和 DSP Builder 结合，可以进行基于 FPGA 的 DSP 系统开发，是 DSP 硬件系统实现的关键 EDA 工具。

Quartus II 包括模块化的编译器。编译器包括的功能模块有分析/综合器（Analysis & Synthesis）、适配器（Fitter）、装配器（Assembler）、时序分析器（Timing Analyzer）、设计辅助模块（Design Assistant）、EDA 网表文件生成器（EDA Netlist Writer）、编译数据接口（Compiler Database Interface）等。可通过选择 Start Compilation 来运行所有的编译器模块，也可以通过选择 Start 单独运行各个模块，还可以通过选择 Compiler Tool（Tool 菜单），在 Compiler Tool 窗口中运行该模块来启动编译器模块。在 Compiler Tool 窗口中，可以打开该模块的设置文件或报告文件，或打开其他相关窗口。

此外，Quartus II 还包括许多十分有用的 LPM（Library of Parameterized Module）

模块，它们是复杂或高级系统构建的重要组成部分，可在 Quartus II 中与普通设计文件一起使用。在许多使用情况中，必须利用宏功能模块才可以使用一些 Altera 特定器件的硬件功能。例如各类片上存储器、DSP 模块、LVDS 驱动器、PLL 以及 SERDES 和 DDIO 电路模块等。

4.1.2 Quartus II 软件的开发流程

FPGA/CPLD 的设计开发分为不同的阶段，我们可以使用 Quartus II 软件来开发和管理自己的设计，完成全部的流程，如图 4-1 所示。

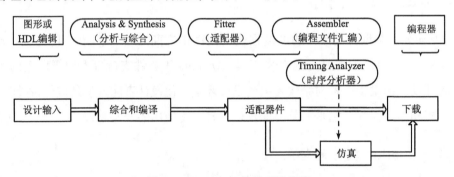

图 4-1　Quartus II 软件开发流程

图 4-1 上排所示的是 Quartus II 编译设计主控界面，它显示了 Quartus II 自动设计的各主要处理环节和设计流程，包括设计输入编辑、设计分析与综合、适配、编程文件汇编（装配）、时序参数提取以及编程下载几个步骤。图 4-1 下排的流程框图是与上排的 Quartus II 设计流程相对应的标准 EDA 开发流程。

1. 设计输入

设计输入阶段，Quartus II 支持多种设计输入方式，比如原理图输入、文本输入（程序代码）或者调用 IP 核输入等。Quartus II 编译器支持的硬描述语言有 VHDL、Verilog HDL 及 AHDL(Altera HDL)。AHDL 是 Altera 公司设计、制定的硬件描述语言，是一种以结构描述方式为主的硬件描述语言，只有企业标准。另外，Quartus II 允许来自第三方的 EDIF 文件输入，并提供了很多 EDA 软件的接口，Quartus II 支持层次化设计，可以在一个新的编辑输入环境中对使用不同输入设计方式完成的模块（元件）进行调用，从而解决原理图与 HDL 混合输入设计的问题。

2. 综合和适配

在设计输入完成后，通过编译，Quartus II 的编译器将给出编译报告，Quartus II 拥有性能良好的设计错误定位器，用于确定文本或图形设计中的错误。当设计无误时，即进入逻辑综合。

综合过程是将图形输入或者文本输入描述的电路向硬件实现的一座桥梁，综合过后会生成一种或者多种电路网表文件。对于使用 HDL 的设计，可以使用 Quartus II 带有的 RTL Viewer 观察综合后的 RTL 图。

逻辑综合通过后必须利用适配器将综合后的网表文件针对某一具体的目标器件进行逻辑映射操作，其中包括底层器件配置、逻辑分割、逻辑优化、逻辑布局布线操作。适配完成后可以利用适配所产生的仿真文件做精确的时序仿真，同时产生可应用于编程的文件。

3. 仿真

仿真是基于一定的算法和元件模型对电路进行模拟测试和计算，以验证设计的正确性，主要分为时序仿真和功能仿真。在仿真前，需要利用波形编辑器编辑一个波形激励文件。

4. 编程下载

编译和仿真检测无误后，便可以将下载文件通过 Quartus II 提供的编程器下载入目标器件中，进行硬件测试和验证了。

4.1.3 Quartus II 的用户界面

Quartus II 的用户界面比较友好，如图 4-2 所示。界面由菜单栏、工具栏、工程管理窗口、编译状态窗口、信息显示窗口、主工作区等组成。

1）菜单栏：File（文件）、Edit（编辑）、View（视图）、Project（工程）、Assignments（分配）、Processing（操作）、Tools（工具）、Window（窗口）和 Help（帮助）等。

2）工具栏：主要放置了一些常用命令的快捷图标，比如新建、打开、引脚分配、编译、仿真、下载等主要过程的命令。

3）工程管理窗口：显示当前工程中所有相关的资源和文件，便于对工程进行各种设置。

4）编译状态窗口：工程编译时，显示分析、综合、布局等过程状态及时间。

5）信息显示窗口：显示各种工程操作过程的信息，例如指示编译过程中出现的警告或错误信息，提示错误的原因等。

6）主工作区：实施不同操作时，打开不同的工作窗口，例如图形编辑窗口、文本编辑窗口、引脚指派窗口等。

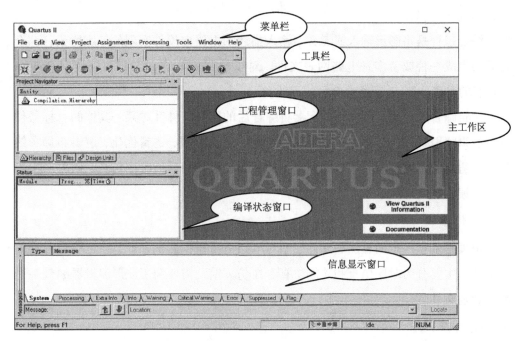

图 4-2   Quartus II 的界面

4.1.4　Quartus II 的文件管理体系

　　Quartus II 以工程（Project）的方式组织管理整个电路的设计及支持文件，如图 4-3 所示。因此在设计具体电路之前，需要为项目建立工程（*.qpf），由于整个项目会生成非常多的辅助文件，所以最好把全部设计文件放在某一个文件夹内。

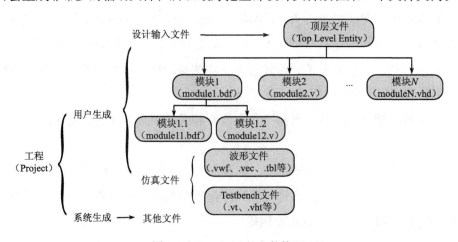

图 4-3   Quartus II 的文件管理

　　一个工程一定包含一个顶层电路模块文件，顶层文件只能有一个，当工程中只有顶层电路文件时，顶层文件必须与工程名保持一致。无论是编译还是仿真，都只执行顶层文件。顶层文件可以包含若干电路模块，这些模块可以调用其他电路模块，也可被其他模块调用，如图4-3所示。这样可以很方便地采用自底向上或者自顶向下的分层次设计方法设计整个电路。

当一个工程内有多个电路文件时，顶层文件可以更换。如图4-4所示，在工程管理窗口，点击 File 的标签，打开所有文件列表，选择某一个设计输入文件，点击右键 Set as Top-Level Entity，即可将其设置为顶层文件。

除了设计输入之外，仿真所需要的文件也需要由用户生成。生成的方法会在后面的章节里详细讨论。

图4-4　设置顶层文件

4.2　组合逻辑宏模块的仿真及测试

4.2.1　实验目的

（1）熟悉常见组合逻辑宏模块的功能及测试。

（2）熟悉使用 Quartus II 软件进行电路设计开发的流程。

（3）掌握使用 Quartus II 软件设计组合电路的图形输入设计方法。

（4）掌握使用 Quartus II 软件进行电路仿真的方法。

4.2.2　实验仪器与器件

本实验所需仪器及器件如表4-1所示。

表4-1　实验所需仪器及器件

序号	仪器或器件名称	型号或规格	数量
1	逻辑实验箱		
2	PC		
3	Quartus II 软件		
4	FPGA/CPLD 开发板		
5	USB-Blaster 下载器		

4.2.3　实验原理

数据选择器也称为多路开关，通过改变地址输入信号，可以在多个数据输入中选择一个传送到输出。74LS151（在元件库中为74151）是一种常见的8选1数据选择器，逻辑符号如图 4-5 所示，具有 3 位地址输入，8 路数据输入，一个使能信号，以及一对互补的输出。

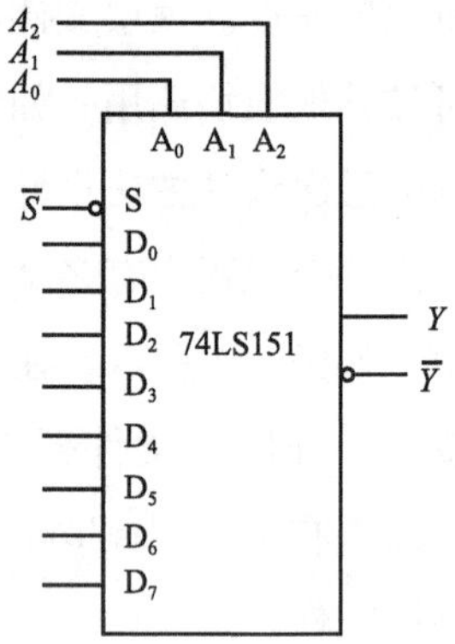

本实验用 FPGA 来实现这样一个 8 选 1 的数据选择器，首先基于 Quartus II 软件，实现设计输入→编译与综合→适配→仿真等过程，然后连接 FPGA 开发板完成下载。用 Quartus II 实现设计输入需要以下几个步骤。

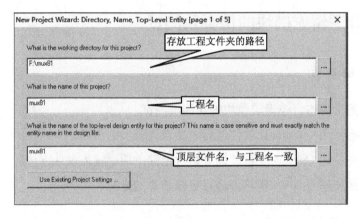

图 4-5 74LS151 的逻辑符号

1. 创建工程

在 Quartus II 中，电路所有的支撑文件都是以工程的形式组织和管理的，因此设计一个新的电路首先要新建一个工程。打开 File | New Project Wizard（新建工程向导），会跳出新建工程向导的对话框，一共有 5 页，第一页如图 4-6 所示。

图 4-6 新建一个工程

第一页设置存放工程文件夹的路径，给出工程名和顶层文件名。每个工程需要建立一个独立的文件夹，以存放工程中诸多的原理图文件、文本设计文件、仿真波形文件以及各种软件自动生成的支撑文件。工程名，即要设计的电路的名称，命名时注意不要与系统元件库里的其他现有宏模块重名。顶层文件名由系统自动生成，必须与工程名一致。在后面的设计中，无论是顶层文件还是工程名，都是可以修改的。

第二页用于向工程内添加或删除相关文件，没有的话，可以先不添加，直接点击"Next"按钮。

第三页用于选择目标器件，根据要使用的 FPGA 芯片进行选择，不同的硬件提供的资源是不同的。例如要使用的 FPGA 型号为 EP3C5E144C8，首先在 Family 一栏中选择"Cyclone III"系列，封装类型选择 TQFP，引脚数量为 144，速度等级为 8 级，即可显示如图 4-7 所示的窗口，在下面的列表栏中选择对应的器件，点击"Next"按钮即可。

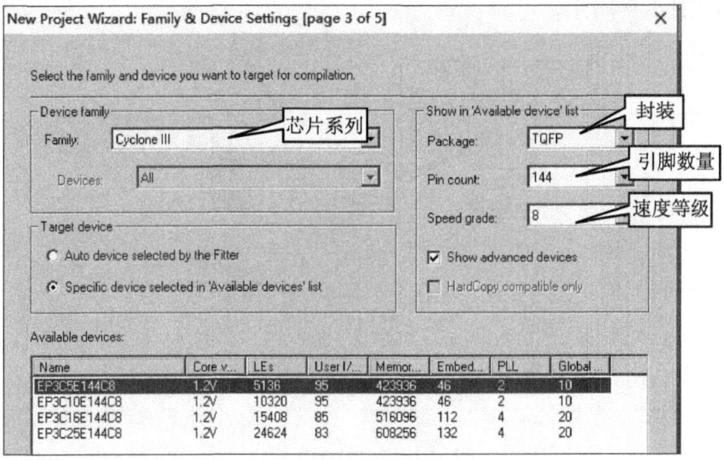

图 4-7　选择器件

第四页中，选择第三方 EDA 的综合、仿真、定时等分析工具，对开发工具不熟悉的初学者，建议使用 Quartus II 系统默认选项。

第五页为工程设置统计窗口，上面罗列出工程的相关信息，核对无误后点击"Finish"按钮完成工程创建。

2. 原理图输入

创建好工程后，就可以进行原理图的输入了。点击 File | New 命令，弹出 New 对话框，如图 4-8 所示。

图 4-8　新建原理图文件

选择 Desing Files 中的第二项"Block Diagram/Schematic File"即可打开原理图编辑窗口,如图 4-9 所示。

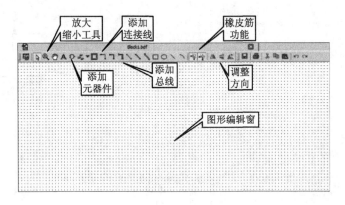

图 4-9　图形编辑窗口

点击图形编辑窗口上的添加元件的按钮,或者在图形编辑窗口任意位置双击,都可以弹出元器件库的对话框,如图 4-10 所示。

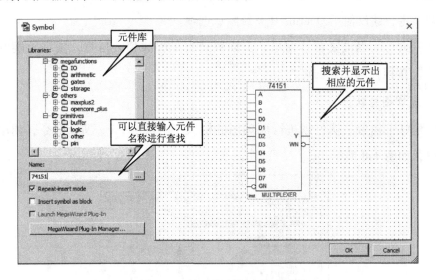

图 4-10　从元件库中选择元件

Quartus II 的元件库主要有三类:基本逻辑函数(primitives)、宏模块函数(megafunction)以及其他函数(others)。利用元件库,可以直接应用这些模块设计原理图,从而简化了许多工作。

在这里,既可以在元件库中查找 8 选 1 的数据选择器,也可以直接在 name 下面的文本框中输入芯片型号 74151 来找寻器件,然后点击"OK"按钮选中元件并放置到图形编辑窗口中。再根据需要放置输入输出端口:input 和 output。放置好元件后,用鼠标拖曳的方式将模块间的对应引脚连接起来。连线完成后，双击端口可以给端口命名，按图4-11所示给各个端口分别命名。端口命名可以使用英文字母、数字或一些特殊符号"/""_"，端口名不区分大小写，不可以使用数字开头，注意不要重名。

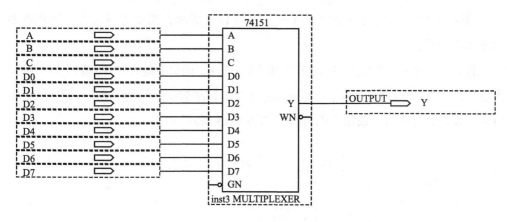

图4-11　给各端口命名示意

3. 编译

原理图编辑好之后，点击菜单中的 Processing | Start Compilation，进行全局编译。全局编译会执行多项操作，包括排错、数据网表文件提取、逻辑综合、适配装配文件生成，以及基于目标器件硬件性能的时序分析等。

若编译成功，会弹出如图4-12所示提示对话框，并且给出硬件耗用统计报告。

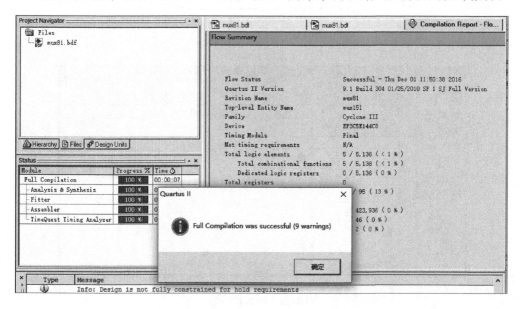

图4-12　编译成功的提示对话框

如果编译过程出错，下部的信息显示窗口会有提示错误的红色文字信息。这时应根据提示进行修改，重新启动编译，直至排除所有错误。

4. 仿真

编译通过后，为了了解设计结果是否满足设计要求，需要进行仿真。仿真需要以下几个步骤：

首先，新建一个波形文件。点击菜单 File｜New，弹出新建文件对话框，如图 4-13 所示。选择第三类 Verification/Debugging Files 下面的 Vector Waveform File，点击"OK"按钮，即可打开波形编辑窗口，如图 4-14 所示。

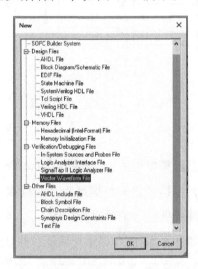

图 4-13　新建波形文件

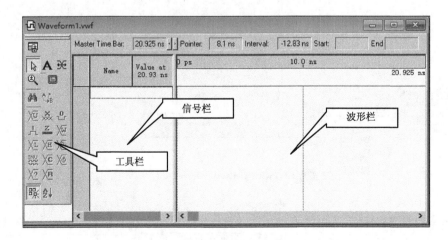

图 4-14　波形编辑窗

在波形编辑窗口双击，添加信号。在弹出来的节点编辑器里，点击 Node Finder，打开节点查找器，Filter 选择 Pins：all，点击 List 按钮，将列出所有的输入输出端口，如图 4-15 所示。点击"＞＞"按钮，选择所有端口。

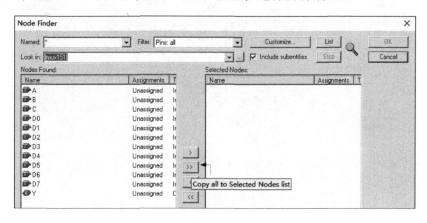

图 4-15　Node Finder 窗口

选择了所有输入输出端口后，点击"OK"按钮返回波形编辑窗，即可看到所有信号均加载进来。接下来需要对所有输入信号进行赋值，赋值的时候需要考虑尽可能多的测试情况。

点击 Edit 中的 End Time，设置仿真结束时间，通常设置为几十微秒。在这里可以设置为 $50\mu s$。同样，在菜单 Edit 中将 Grid Size 设置为 100ns，以便于观察波形。

对输入信号进行赋值有多种方式，如图 4-16 所示。

为了方便测试和赋值，在这里，可以把 A、B、C 三个向量组合起来（Grouping），整体赋值。方法是，选中三个向量，右击选择 Grouping，并取名，比如 ABC，即可得到一个包含三根信号线的输入向量组 ABC，能对它进行

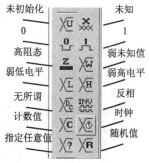

图 4-16　赋值方式

整体赋值。在这里赋给它计数值，timing 参数设置为 $1\mu s$，即 $1\mu s$ 计一次数。为了便于区别，D0 ~ D7 的信号分别赋为不同频率的信号，选择赋值方式为时钟方式，Time period 分别设置为 25ns、50ns、100ns、200ns、400ns、800ns、1600 ~ 3200ns。

赋值完成后，必须存盘，文件保存名与工程名一致，那么波形文件就存放在工程的文件夹内，系统便可以自动关联仿真。如果存储为其他名字或者其他路径下，需到工程的 Settings 下面进行设置，方可仿真，否则会得到"找不到仿真文件"的提示。Settings 窗口如图 4-17 所示，点击 Simulation input 后面的"..."按钮选择仿

真要用的矢量波形文件即可。

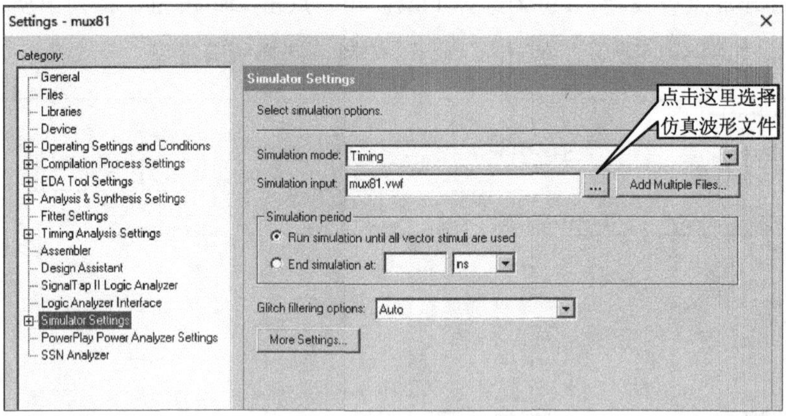

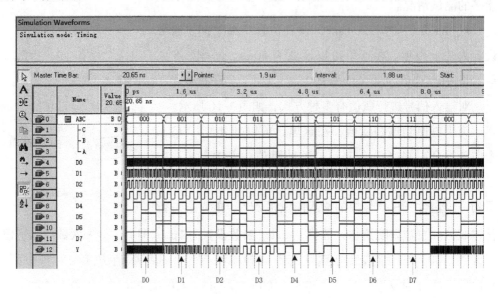

图 4-17　Settings 窗口

启动仿真，点击菜单栏里的 Processing 中的 Start Simulation，开始仿真，等到出现"Simulation was successful"信息，仿真完成。

仿真结果如图 4-18 所示，可以看出，当地址从 000 到 111 变化时，输出信号分别等于数据输入 D0 ~ D7 的值，从而验证了八选一数据选择器的功能。

图 4-18　74LS151 仿真结果

4.2.4　实验内容

（1）74LS148 是常用的 8 线-3 线优先编码器，用 FPGA 实现它的逻辑功能并测试。使用 Quartus II 创建工程、编辑电路图、编译，编辑波形文件并仿真，测试其所有功能，记录波形并说明仿真结果。

（2）译码器是编码器的逆过程，74LS138 是一种 3 线-8 线译码器。用 FPGA 实现其逻辑功能并测试。使用 Quartus II 创建工程、编辑电路图、编译，编辑波形文件并仿真，测试其所有功能，记录波形并说明仿真结果。

（3）用 FPGA 实现 74LS139（双 2 线-4 线译码器）的逻辑功能并测试。使用 Quartus II 创建工程、编辑电路图、编译，编辑波形文件并仿真，测试其所有功能，记录波形并说明仿真结果。

（4）用 FPGA 实现 74LS153（双四选一数据选择器）的逻辑功能并测试。使用 Quartus II 创建工程、编辑电路图、编译，编辑波形文件并仿真，测试其所有功能，记录波形并说明仿真结果。

（5）用 FPGA 实现 74LS151（八选一数据选择器）的逻辑功能并测试。使用 Quartus II 创建工程、编辑电路图、编译，编辑波形文件并仿真，测试其所有功能，记录波形并说明仿真结果。

（6）用 FPGA 实现 74LS85（四位数字比较器）的逻辑功能并测试。使用 Quartus II 创建工程、编辑电路图、编译，编辑波形文件并仿真，测试其所有功能，记录波形并说明仿真结果。

（7）用 FPGA 实现 74LS283（四位二进制加法器）的逻辑功能并测试。使用 Quartus II 创建工程、编辑电路图、编译，编辑波形文件并仿真，测试其所有功能，记录波形并说明仿真结果。

（8）用 FPGA 实现 74LS154（4 线-16 线译码器）的逻辑功能并测试。使用 Quartus II 创建工程、编辑电路图、编译，编辑波形文件并仿真，测试其所有功能，记录波形并说明仿真结果。

（9）用 FPGA 实现 74LS157（四二选一数据选择器）的逻辑功能并测试。使用 Quartus II 创建工程、编辑电路图、编译，编辑波形文件并仿真，测试其所有功能，记录波形并说明仿真结果。

（10）用 FPGA 实现 74LS668（八位数值比较器）的逻辑功能并测试。使用 Quartus II 创建工程、编辑电路图、编译，编辑波形文件并仿真，测试其所有功能，记录波形并说明仿真结果。

（11）用 FPGA 实现 74LS83（四位二进制全加器）的逻辑功能并测试。使用 Quartus II 创建工程、编辑电路图、编译，编辑波形文件并仿真，测试其所有功能，记录波形并说明仿真结果。

4.2.5 思考题

1. 如什么是顶层文件？如何更换顶层文件？
2. 建立矢量波形文件时，对输入信号添加激励，具体有哪些方式？
3. 什么是基于乘积项的可编程逻辑结构？什么是基于查找表的可编程逻辑结构？
4. FPGA 系列器件中的 EAB/M9K 有何作用？
5. 解释编程与配置这两个概念？

4.3 组合电路的自动化设计

4.3.1 实验目的

（1）熟悉常见组合逻辑宏模块的功能。

（2）掌握使用宏模块设计组合逻辑电路的方法。

（3）掌握使用 Quartus II 软件设计组合电路的图形输入设计方法。

（4）掌握使用 Quartus II 软件进行电路仿真的方法。

4.3.2 实验仪器与器件

本实验所需仪器及器件如表4-2所示。

表4-2 实验所需仪器及器件

序号	仪器或器件名称	型号或规格	数量
1	逻辑实验箱		
2	PC		
3	Quartus II 软件		
4	FPGA/CPLD 开发板		
5	USB-Blaster 下载器		

4.3.3 实验原理

1 位全加器是带有低位进位输入的加法电路，是算术运算电路的基本逻辑单元，其逻辑真值表如表4-3所示。

表4-3 全加器真值表

输入			输出	
A	B	CI	S	CO
0	0	0	0	0
0	0	1	1	0
0	1	0	1	0
0	1	1	0	1
1	0	0	1	0
1	0	1	0	1
1	1	0	0	1
1	1	1	1	1

根据真值表，可以得到输入函数逻辑表达式：

$$S = \overline{A}\,\overline{B}\mathrm{CI} + \overline{A}B\overline{\mathrm{CI}} + A\overline{B}\,\overline{\mathrm{CI}} + ABC = \sum m(1,2,4,7) \tag{4-1}$$

$$\mathrm{CO} = AB + B\mathrm{CI} + A\mathrm{CI} = \sum m(3,5,6,7) \tag{4-2}$$

实现1位全加器有很多种方法，例如，我们可以用译码器74LS138（元件库中为74138）来实现。74LS138是一种8线-3线译码器，它的原理和使用方法在第2章中已经论述过，不再赘述。使用74LS138和与非门来实现1位全加器，逻辑电路如图4-19所示。

用FPGA来实现这个电路，步骤和上一个实验基本相同：先打开Quartus II编辑输入原理图，编译、仿真无误后，引脚锁定并编程下载到FPGA芯片中即可实现。具体步骤可以参考上一个实验，简述如下。

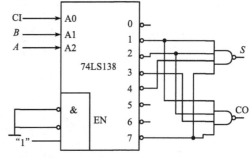

图4-19 用译码器实现1位全加器

1. 设计输入

（1）创建工程。点击菜单File|New Project Wizard，打开工程设计向导，选择新电路工程存放的路径，设置工程名和顶层文件名均为adder。器件选择Cyclone III系列中的EP3C5E144C8，其余选择系统默认选项，直到创建工程完毕。

（2）打开图形编辑窗口，新建一个原理图文件。点击菜单File|New，选择创建一个Block Diagram/Schematic File，点击"OK"按钮打开图形编辑窗口。

（3）添加元件和输入输出端口，连接导线，绘制如图4-20所示原理图。

2. 编译及仿真

（1）编译。原理图编辑好之后，点击菜单中的Processing|Start Compilation，进行全局编译。如有错误，改正错误直到编译成功为止。

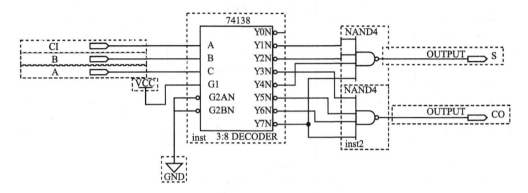

图 4-20　原理图绘制

（2）新建波形仿真文件。点击菜单 File｜New，选择第三类 Verification/ Debugging Files 下面的 Vector Waveform File，点击"OK"按钮，打开波形编辑窗。

（3）选择所有的输入输出信号作为仿真节点，并对输入信号赋随机值（Random Value），赋值对话框如图 4-21 所示。可以选择随机值产生的时序，例如这里选择每 100ns 改变一次输入信号，高低电平随机产生。

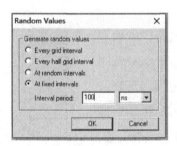

图 4-21　赋值对话框

（4）仿真结果如图 4-22 所示。

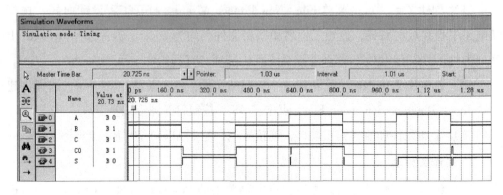

图 4-22　仿真结果

不难发现，仿真结果中有一些毛刺。如果打开菜单中 Assignments 中的 Settings，选择 Simulator Settings，可以看到在 Simulation Mode 一栏中，系统默认的设置是 Timing，即时序仿真。仿真分为功能仿真和时序仿真，功能仿真是在设计输入之后，综合、布局布线之前的仿真，也称为前仿真。时序仿真是在综合、布局布线之后，考虑电路已经映射到特定的工艺环境和器件延时的情况下，进行的仿真，也称为后仿真。由于时序仿真考虑了器件在最坏情况下的时序，可以暴露电路的更多问题，因此一般进行时序仿真。

在上面这个电路中，由于输入信号 A、B、C 转换时间有快有慢，从而导致输出端产生毛刺。

4.3.4　实验内容

（1）用 3 线-8 线译码器宏模块 74LS138 设计和实现三人表决电路。用 FPGA 实现其逻辑功能并测试。使用 Quartus II 创建工程、编辑电路图、编译，编辑波形文件并仿真，测试其功能，记录波形并说明仿真结果。

（2）用八选一的数据选择器宏模块 74LS151 设计一个电路，该电路有 3 个输入逻辑变量 A、B、C 和 1 个工作状态控制变量 M，当 $M=0$ 时电路实现"意见一致"功能（A、B、C 状态一致输出为 1，否则输出为 0），而 $M=1$ 时电路实现"多数表决"功能，即输出与 A、B、C 中多数的状态一致。用 FPGA 实现其逻辑功能并测试。使用 Quartus II 创建工程、编辑电路图、编译，编辑波形文件并仿真，测试其功能，记录波形并说明仿真结果。

（3）用双四选一的数据选择器宏模块 74LS153 设计和实现 1 位全加器。用 FPGA 实现其逻辑功能并测试。使用 Quartus II 创建工程、编辑电路图、编译，编辑波形文件并仿真，测试其功能，记录波形并说明仿真结果。

（4）用两片 74LS85 设计一个八位比较器，使用 Quartus II 创建工程、编辑电路图、编译，编辑波形文件并仿真，测试其功能，记录波形并说明仿真结果。

（5）用八选一的数据选择器 74LS151 设计电路，判断一位余 3 码是否大于 5。使用 Quartus II 创建工程、编辑电路图、编译，编辑波形文件并仿真，测试其功能，记录波形并说明仿真结果。

（6）设计一个四位二进制数的奇校验器。设输入的四位二进制代码分别为 A、B、C、D，输出为 P。使用 Quartus II 创建工程、编辑电路图、编译，编辑波形文件并仿真，测试其功能，记录波形并说明仿真结果。

（7）用74LS283加法器和逻辑门设计实现1位8421BCD码加法器电路，输入输出均是BCD码。CI为低位的进位信号，CO为高位的进位输出信号，输入为两个1位十进制数A，输出用S表示。

（8）用74LS151数据选择器设计一个监视交通信号灯工作状态（Y）的逻辑电路，每一组信号灯均由红（R）、黄（A）、绿（G）三盏灯组成。正常工作状态下，任何时刻总有一盏灯亮，而且只允许一盏灯亮。而当出现其他5种点亮状态时，电路发生故障，这时要求发出故障信号，以提醒维护人员前去修理。使用Quartus II创建工程、编辑电路图、编译，编辑波形文件并仿真，测试其功能，记录波形并说明仿真结果。

（9）用74LS138实现以下报警控制电路，设某设备有开关A、B、C，要求：只有开关A接通的条件下，开关B才能接通；开关C只有在开关B接通的条件下才能接通。违反这一规程，则发出报警信号。使用Quartus II创建工程、编辑电路图、编译，编辑波形文件并仿真，测试其功能，记录波形并说明仿真结果。

（10）用4位并行加法器74LS283设计一个加/减运算电路。当控制信号$M=0$时，它将两个输入的4位二进制数相加，而$M=1$时，它将两个输入的4位二进制数相减。使用Quartus II创建工程、编辑电路图、编译，编辑波形文件并仿真，测试其功能，记录波形并说明仿真结果。

4.3.5　思考题

1. 如在Quartus II中绘制原理图时，在哪个元件库调用VCC和GND？
2. 在Quartus II中，仿真有几种方式？各有什么区别？
3. 全程编译主要包括哪几个功能模块？这些功能模块各有什么作用？
4. 有哪三种引脚锁定的方法？详细说明这三种方法的使用流程和注意事项，并说明它们各自的特点。

4.4　广义译码器的应用

4.4.1　实验目的

（1）熟悉广义译码器的概念。
（2）掌握使用广义译码器模型设计一般组合逻辑电路。
（3）掌握使用Quartus II软件设计组合电路的文本输入设计方法。

（4）掌握使用 Quartus II 软件进行电路仿真的方法。

4.4.2 实验仪器与器件

本实验所需仪器及器件如表 4-4 所示。

表 4-4 实验所需仪器及器件

序号	仪器或器件名称	型号或规格	数量
1	逻辑实验箱		
2	PC		
3	Quartus II 软件		
4	FPGA/CPLD 开发板		
5	USB-Blaster 下载器		

4.4.3 实验原理

广义译码器的概念是，所有组合电路的功能都可以用一张真值表来表示，都可以看作一种译码行为，即把若干输入数据翻译成对应的若干输出数据。那么如果通过文本语言描述的方式，将从输入信号到输出信号的真值表描述清楚，即可实现该组合逻辑电路。

例如 1 位全加器的真值表如表 4-5 所示，如何用一种文本语言描述这个电路呢？常见的硬件描述语言有两种：VHDL 和 Verilog HDL。接下来主要以 Verilog HDL 语言示例说明。

表 4-5 全加器的真值表

输入			输出	
A	B	CI	S	CO
0	0	0	0	0
0	0	1	1	0
0	1	0	1	0
0	1	1	0	1
1	0	0	1	0
1	0	1	0	1
1	1	0	0	1
1	1	1	1	1

Verilog HDL 是一种常用的硬件描述语言，能够形式化地抽象表示电路的结构和行为，支持逻辑设计中层次与领域的描述。Verilog HDL 语言适合系统级、算法级、寄存器传输级、门级、开关级等的设计。与 VHDL 语言相比，Verilog HDL 语言易学

易用，与 C 语言比较像。

Verilog HDL 程序都是由模块（module）组成。模块的内容都是嵌在 module 和 endmodule 两个关键字之间，每个模块实现特定的功能，类似一张原理图的功能，模块之间可以相互调用。Verilog HDL 程序包括模块名、输入输出端口说明、逻辑功能定义等几个部分。程序模板如图 4-23 所示。

```
module<模块名>（<输入、输出端口列表>）
    output<输出端口列表>
    input<输入端口列表>
    reg//定义register变量
    always@（<敏感信号表>）
      begin
      …
      end
endmodule
```

图 4-23　程序模板

模块名是用户为这个电路模块起的名字，尽量不要和元件库中已有的模块名重复，用英文字母和数字表示。在 Quartus II 中，模块名必须和该模块所在的文件同名，都表示用户所设计的这个模块。

输入输出端口列表必须列举所有的输入输出端口名，然后再分别说明哪些是输入端口，哪些是输出端口。所有的输入输出端口在程序中可以看作输入输出变量，输出变量随输入变量和时序而变化。如果没有定义输入变量数据类型，即默认为 wire 类型，也就是信号线类型。输出变量一般定义为 reg 类型，即寄存器类型。

always 块语句是 Verilog HDL 语言中常见的过程语句，可以用来设计组合电路和时序电路。always 语句在敏感信号的激励下，不断地反复执行。敏感信号表中一般列举所有的输入变量，变量间用逗号或者 or 连接。当输入信号发生变化时，就执行 always 中的语句，重新计算输出信号，这与实际电路的执行模式一致。always 块语句如果多于一条语句，要使用 begin 和 end，像括号一样把所有的语句包含在里面。

使用硬件描述语言 Verilog HDL 设计 1 位全加器，首先要创建工程，创建的流程详见前文所述，不再赘述。创建好工程后，新建文本文档，点击菜单 File｜New，在跳出的对话框中选择 Design Files 类别中的 Verilog HDL File，如图 4-24 所示。随即打开文本编辑窗口，在文本编辑窗口输入如图 4-25 所示代码，并存盘，文件名和模块名要完全一样。

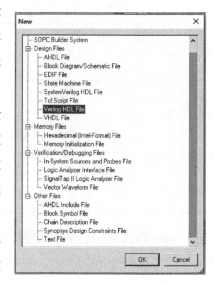

图 4-24　新建对话框

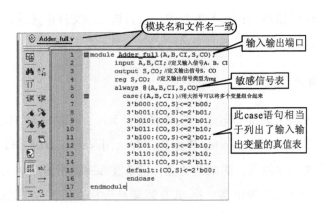

图4-25　1位全加器的文本描述

这段代码的含义，详述如下：

第1行：module是模块的关键字，表示模块开始，module与endmodule总是成对出现，此模块的endmodule在第17行，表示模块结束。module后面的Adder_full是模块名，其命名规则和变量相同。括号里面罗列所有的输入输出信号，括号外面的分号注意不要漏掉。

第2行：定义3个输入信号A、B和CI，没有申明数据类型，即默认为wire类型。

第3行：定义输出的和变量S和进位变量CI，第4行定义输出变量为reg类型。

第5行：always过程语句。敏感信号表中罗列了所有的输入信号和输出信号。一旦敏感信号发生变化，下面的case语句就要执行一遍。

第6~16行：case语句。case是条件语句，根据case后面括号里的变量值，执行不同的操作。A、B和CI这3个变量用大括号括起来表示组合成一个整体。下面的3'b000表示位宽为3的二进制数000。

在Verilog HDL中，有4种数制形式：二进制（b或者B）、十进制（d或者D）、八进制（o或者O）、十六进制（h或者H）。完整的数据格式是"位宽'进制+数字"，例如4'd9、8'h7C。如果是十进制数，可以省略位宽和进制，例如18。

"<="是赋值的符号，相当于等号，把符号右边的值赋给符号左边的变量。这种赋值方式称为非阻塞赋值，与等号表示的阻塞赋值略有差别。

第15行的default表示当{A，B，CI}不取以上任一数据时，执行default下面的操作。

编辑好文件后，就可以编译了，编译通过后建立矢量波形文件进行仿真。仿真的步骤在前文已经详细阐述过,不再赘述。因为该文本文件描述的也是 1 位全加器,所以仿真的波形结果应该和图 4-22 类似。

4.4.4　实验内容

（1）设计一个五人表决器电路,参加表决者 5 人,同意为 1,不同意为 0,结果取决于多数人的意见。使用 Quartus II 创建工程,用 Verilog HDL 语言设计电路,再编译,编辑波形文件并仿真,测试其功能,记录波形并说明仿真结果。

（2）设计一个码制转换电路,将 BCD 码转换成格雷码。使用 Quartus II 创建工程,用 Verilog HDL 语言设计电路,再编译,编辑波形文件并仿真,测试其功能,记录波形并说明仿真结果。

（3）设计一个计算机房的上机控制电路。此控制电路有 X、Y 两个控制端,控制上午时,它们取值为 01;控制下午时,取值为 11;控制晚上时,取值为 10。A、B、C 为需要上机的 3 个学生,其上机的优先顺序为:上午为 ABC,下午为 BCA,晚上为 CAB。电路的输出 F_1、F_2 和 F_3 为 1 时分别表示 A、B 和 C 能上机。使用 Quartus II 创建工程,用 Verilog HDL 语言设计电路,再编译,编辑波形文件并仿真,测试其功能,记录波形并说明仿真结果。

（4）设计一个密码锁。密码锁的密码可以由设计者自行设定,设该锁有规定的 4 位二进制代码 $A_3A_2A_1A_0$ 的输入端和一个开锁钥匙信号 B 的输入端。当 $B = 1$（有钥匙插入）且符合设定的密码时,允许开锁信号输出 $Y_1 = 1$（开锁）,报警信号输出 $Y_2 = 0$;当有钥匙插入但是密码不对时,$Y_1 = 0$,$Y_2 = 1$（报警）;当无钥匙插入时,无论密码对否,$Y_1 = Y_2 = 0$。使用 Quartus II 创建工程,用 Verilog HDL 语言设计电路,再编译,编辑波形文件并仿真,测试其功能,记录波形并说明仿真结果。

（5）设计一个比较电路,当输入的 8421BCD 码大于 5 时输出 1,否则输出 0。使用 Quartus II 创建工程,用 Verilog HDL 语言设计电路,再编译,编辑波形文件并仿真,测试其功能,记录波形并说明仿真结果。

（6）设计驱动 7 段共阴极数码管显示的译码器电路,其真值表如表 4-6 所示。用 FPGA 实现其逻辑功能并测试。使用 Quartus II 创建工程,用 Verilog HDL 语言设计电路,再编译,编辑波形文件并仿真,测试其功能,记录波形并说明仿真结果。

（7）设计一个电动机报警电路。有 A、B、C、D 四台电动机,要求 A 动 B 必动,C、D 不能同时动,否则报警。使用 Quartus II 创建工程,用 Verilog HDL 语言设计电路,再编译,编辑波形文件并仿真,测试其功能,记录波形并说明仿真结果。

表4-6　显示译码器真值表

输入		输出	字型
数字	$A_3 A_2 A_1 A_0$	$Y_a Y_b Y_c Y_d Y_e Y_f Y_g$	
0	0 0 0 0	1 1 1 1 1 1 0	
1	0 0 0 1	0 1 1 0 0 0 0	
2	0 0 1 0	1 1 0 1 1 0 1	
3	0 0 1 1	1 1 1 1 0 0 1	
4	0 1 0 0	0 1 1 0 0 1 1	
5	0 1 0 1	1 0 1 1 0 1 1	
6	0 1 1 0	1 0 1 1 1 1 1	
7	0 1 1 1	1 1 1 0 0 0 0	
8	1 0 0 0	1 1 1 1 1 1 1	
9	1 0 0 1	1 1 1 1 0 1 1	

（8）设计一个1位二进制全减器。输入被减数 A_1、减数 B_1、低位来的借位信号 J_0，输出差为 D_1，向高位的借位信号 J_1。使用 Quartus II 创建工程，用 Verilog HDL 语言设计电路，再编译，编辑波形文件并仿真，测试其功能，记录波形并说明仿真结果。

（9）设计一个皮带传动机报警电路。有 A、B、C 三条皮带，送货方向为 $A \rightarrow B \rightarrow C$，为防止物品在传动带上堆积，造成落地损坏，要求：$C$ 停 B 必停，B 停 A 必停，否则就发出警报信号。使用 Quartus II 创建工程，用 Verilog HDL 语言设计电路，再编译，编辑波形文件并仿真，测试其功能，记录波形并说明仿真结果。

（10）设计一个指示电气列车开动的逻辑电路。有一列自动控制的地铁电气列车，在所有的门都已关上和下一段路轨已空出的条件下才能离开站台。但是，如果发生关门故障，则在开着门的情况下，车子可以通过手动操作开动，但仍要求下一段路轨空出。（设输入信号：A 为门开关信号，$A = 1$ 门关；B 为路轨控制信号，$B = 1$ 路轨空出；C 为手动操作信号，$C = 1$ 手动操作。）使用 Quartus II 创建工程，用 Verilog HDL 语言设计电路，再编译，编辑波形文件并仿真，测试其功能并说明仿真结果。

4.4.5　思考题

1. always 语句中的敏感信号表应由哪些信号组成？为什么？

2. 电路设计时，采用文本输入和使用原理图输入，各有什么优缺点？

3. 概述 Assignments 菜单中 Assignments Editor 的功能，举例说明？

4. 归纳利用 Quartus II 进行 Verilog 文本输入设计的流程：从文本输入一直到硬件功能测试。

4.5 8 位串行进位加法器的设计

4.5.1 实验目的

（1）掌握 1 位半加器、1 位全加器及多位串行进位加法器的设计方法。

（2）掌握自底向上的电路设计方法。

（3）掌握使用 Quartus II 软件设计组合电路的方法。

（4）掌握使用 Quartus II 软件进行电路仿真的方法。

4.5.2 实验仪器与器件

本实验所需的仪器及器件如表 4-7 所示。

表 4-7 实验所需仪器及器件

序号	仪器或器件名称	型号或规格	数量
1	逻辑实验箱		
2	PC		
3	Quartus II 软件		
4	FPGA/CPLD 开发板		
5	USB-Blaster 下载器		

4.5.3 实验原理

想要实现 8 位串行进位加法器，可以把 8 个 1 位全加器串联起来，如图 4-26 所示。

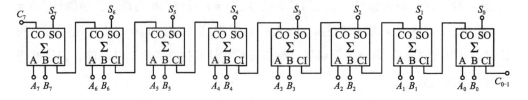

图 4-26 8 位串行加法器

在之前的实验中，1 位全加器的电路分别用原理图和文本输入的方式设计、实现了。如果可以使用之前设计的模块，以组成新的电路，可以节省不少工作。

打开之前的全加器设计工程，点击 File | Open Project，选择之前设计全加器的

工程 adder，打开工程 adder。再打开原理图设计文件，点击 File｜Create/Update｜Create Symbol Files for Current File，将其生成一个元件，元件命名为 adder1，表示 1 位全加器，如图 4-27 所示。

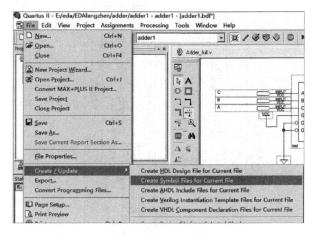

图 4-27　生成元件

生成元件就相当于将自己的设计电路封装成一个 IP，这样就可以在设计其他电路的时候直接调用了。

点击 File｜New｜Block Diagram/Schematic File，新建一个原理图文件，在图形编辑窗口任意位置双击，打开元件库，找到 Project 库，也就是用户自己生成的元件放置的地方，如图 4-28 所示。选择 adder1，可以看到一位全加器封装后的符号，点击"OK"按钮，放置在图形窗适当的位置，放置 8 个，按照图 4-26 连线，即可实现 8 位串行进位加法器。

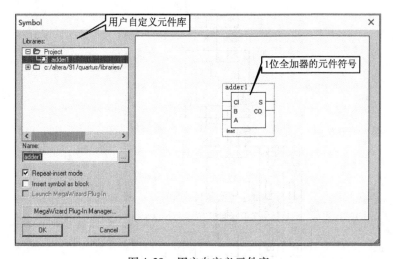

图 4-28　用户自定义元件库

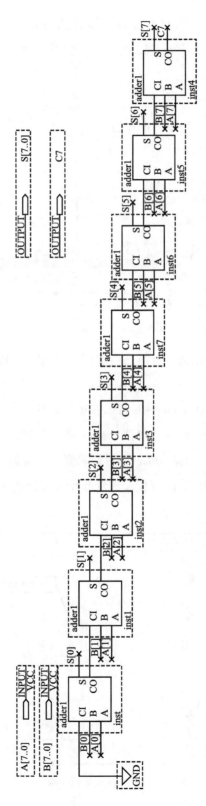

图4-29 8位串行进位加法器原理图

8 位的加数 A 和加数 B 相加得到 8 位的和 S，可以定义为位宽为 8 的向量，这样有利于整体处理。在原理图上定义向量，在输入端口 input 右键选中 Properties，输入 instance name 为 $A[7..0]$ 和 $B[7..0]$。在输出端口 output 右键选中 Properties，输入 instance name 为 $S[7..0]$。这样就将输入输出都定义成了 8 位的向量。输入加数分别接入 1 位全加器的输入端，所以需要在相关信号线上依次标注 $A[0]\sim A[7]$，$B[0]\sim B[7]$ 以及 $S[0]\sim S[7]$，如图 4-29 所示。

编辑好原理图后，在启动编译之前，需要将新编辑的原理图文件存盘，命名为 adder8，并设置为新的顶层文件。方法是，打开工程浏览器（Project Navigator），选择 Files 标签，在文件中选择 adder8，右键选择 Set as Top-Level Entity，即可将其设置为新的顶层文件，如图 4-30 所示。此时，会发现项目名称同时自动变换为与顶层文件名完全一致的名字，然后启动全程编译。

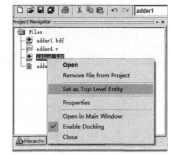

图 4-30　设置顶层文件

编译无误后，接下来要对电路编辑仿真文件，仿真验证电路设计的正确性。将输入输出端口定义成向量以后，仿真的时候就可以整体对其赋值了。首先点击 File｜New｜Vector WaveformFile，新建一个矢量波形文件。插入所有节点，设置 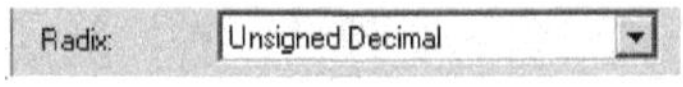 Radix 为 Unsigned Decimal，显示格式为无符号的十进制数。为了方便，我们选择赋值为随机数（Random value），点击工具栏上的仿真快捷键，启动仿真。仿真结果如图 4-31 所示，可以验证结果正确。

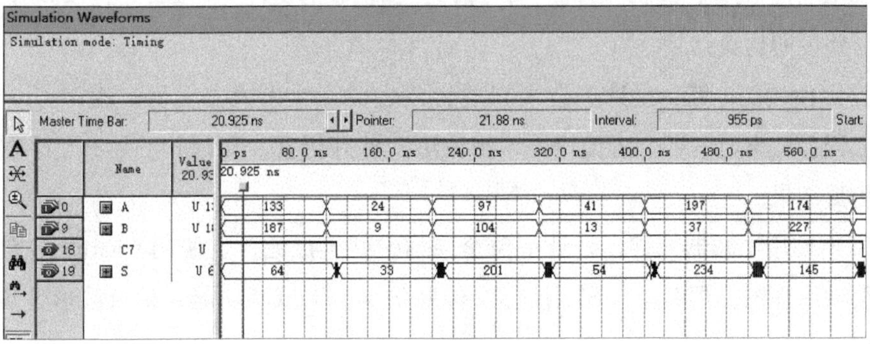

图 4-31　加法器仿真结果

设计好 8 位串行进位加法器，可以生成新的 8 位全加器元件，进而可以构建更大的电路系统。

这种先设计小的逻辑单元，再组成更大的功能模块，最后将各个功能模块连成整个系统的设计方法称为自底向上的设计方法。

4.5.4 实验内容

（1）使用门电路，设计 1 位半加器，并生成一个半加器元件。使用 Quartus II 创建工程，编辑原理图，再编译，编辑波形文件并仿真，测试其功能，记录波形并说明仿真结果。

（2）使用半加器元件设计 1 位全加器，并生成元件。使用 Quartus II 创建工程，用编辑原理图，再编译，编辑波形文件并仿真，测试其功能，记录波形并说明仿真结果。

（3）使用全加器元件，设计 8 位串行进位加法器电路，并生成元件。用 FPGA 实现其逻辑功能并测试。使用 Quartus II 创建工程，编辑原理图，再编译，编辑波形文件并仿真，测试其功能，记录波形并说明仿真结果。

（4）使用 8 位串行进位加法器元件，设计 32 位串行进位加法器电路。用 FPGA 实现其逻辑功能并测试。使用 Quartus II 创建工程，编辑原理图，再编译，编辑波形文件并仿真，测试其功能，记录波形并说明仿真结果。

（5）参考上述内容，完成一个 4 位乘法器的设计。用 FPGA 实现其逻辑功能并测试。使用 Quartus II 创建工程，编辑原理图，再编译，编辑波形文件并仿真，测试其功能，记录波形并说明仿真结果。

（6）完成一个 8 位乘法器的设计。用 FPGA 实现其逻辑功能并测试。使用 Quartus II 创建工程，编辑原理图，再编译，编辑波形文件并仿真，测试其功能，记录波形并说明仿真结果。

（7）使用门电路，设计 1 位半减器，并生成一个半减器元件。使用 Quartus II 创建工程，编辑原理图，再编译，编辑波形文件并仿真，测试其功能，记录波形并说明仿真结果。

（8）使用半减器元件，设计 1 位全减器，并生成元件。使用 Quartus II 创建工程，编辑原理图，再编译，编辑波形文件并仿真，测试其功能，记录波形并说明仿真结果。

（9）使用全减器元件，设计 8 位全减器电路，并生成元件。用 FPGA 实现其逻辑功能并测试。使用 Quartus II 创建工程，编辑原理图，再编译，编辑波形文件并仿真，测试其功能，记录波形并说明仿真结果。

（10）设计一个 8 位可控加减法器。使用 Quartus II 创建工程，编辑原理图，再编译，编辑波形文件并仿真，测试其功能，记录波形并说明仿真结果。

4.5.5 思考题

1. 如举例说明，在 Verilog HDL 的操作符中，哪些操作符的运算结果总是 1 位的？
2. 在电路设计中调用以前设计过的电路模块，这应如何实现？
3. 在 Verilog HDL 语言中，可以在 A 模块中调用 B 模块，在 B 模块也调用 A 模块吗？为什么？
4. 自底向上的设计方法与自顶向下的设计方法，各有什么优缺点？

4.6 组合电路的硬件测试

4.6.1 实验目的

（1）掌握基于 Quartus II 软件的引脚锁定的方法。
（2）掌握基于 Quartus II 软件、编程下载到 FPGA 芯片的方法。

4.6.2 实验仪器与器件

本实验所需的仪器及器件如表4-8 所示。

表4-8 实验所需的仪器及器件

序号	仪器或器件名称	型号或规格	数量
1	逻辑实验箱		
2	PC		
3	Quartus II 软件		
4	FPGA/CPLD 开发板		
5	USB-Blaster 下载器		

4.6.3 实验原理

使用 FPGA 实现的设计的电路，除了设计输入、编译、适配、仿真等之外，还需要进行引脚分配和编程下载两个步骤。在此，以常见的三人表决器电路的硬件实现说明具体流程。

三人表决器电路的真值表、表达式和原理图如图 4-32 所示。

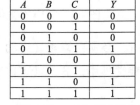

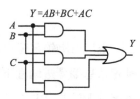

$Y = AB + BC + AC$

图4-32 三人表决器的真值表、表达式和原理图

按照此原理图，创建工程 BJ3，新建原理图文件 BJ3，输入该原理图，编译、仿真无误后即可进行硬件测试。

1. 引脚分配

不同的 FPGA 器件的引脚分配当然不一样。为了便于说明，在此以 KX-7C10E + 系统开发板（参考附录）为例。其他的 FPGA 器件引脚分配的步骤与之类似。

FPGA 芯片一般有上百个引脚，这些引脚主要分为 5 类，在做引脚分配的时候要注意区分：①用户 I/O，用来作为输入输出引脚，或者双向引脚；②电源和地；③时钟引脚，输出各类时钟信号；④配置引脚，输入输出各种配置信号；⑤特殊引脚，输出各种特殊控制信号。

三人表决器有三个输入信号 A、B、C，一个输出信号 Y。首先要根据开发板的具体情况确定输入和输出引脚的具体编号。输入信号可以锁定在开发板上的任意三个拨码开关上，比如锁定在 P66、P67、P68；输出信号用开发板上 8 个发光二极管中的任意一个来表示，比如锁定在 P11。当然也可以根据自己的情况，锁定其他引脚，或者外接其他电路。

打开工程 BJ3，点击 Assignments｜Pins，打开引脚分配编辑窗口，按照引脚编号在 Location 一栏输入，如图 4-33 所示。

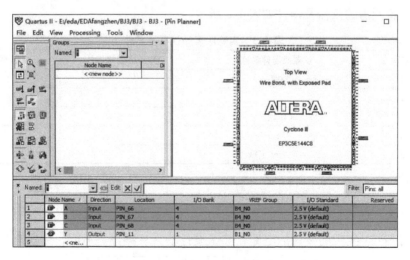

图 4-33　引脚分配编辑窗口

退出引脚锁定窗口后，必须再编译（启动 Start Compilation）一次，才能将引脚锁定信息编译进编程下载文件中。此后就可以准备将编译好的 SOF 文件下载到实验系统的 FPGA 内去了。

2. 编程下载

引脚锁定并编译完成后，Quartus II 会生成多个针对所选目标 FPGA 的编程文件。其中最主要的是 POF 和 SOF 文件，前者是编程目标文件，用于对配置器件编程；后者是静态 SRAM 目标文件，用于对 FPGA 直接配置，在系统直接测试中使用。

编程下载前，FPGA 开发板和 PC 之间要通过下载配置线缆连接起来，最常用的是 USB-Blaster 下载器。第一次使用 USB-Blaster 下载器下载，需要安装驱动程序。

第一次插入 USB-Blaster 下载器，PC 的操作系统会提示"发现新硬件"，或者能在设备管理器中"通用串行总线控制器"下面找到打着问号的设备，为其安装驱动程序。安装驱动的时候，需要手动设置驱动搜索路径。由于 Quartus II 的安装路径下已经集成了 USB-Blaster 的驱动，所以设置驱动搜索路径为

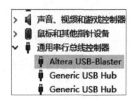

".. \ quartus \ drivers \ usb-blaster"，然后按照提示点击"下一步"和"确定"按钮，直至安装成功。安装成功后，即可发现设备管理器中的设备已经更新为 Altera USB-Blaster，如图 4-34 所示。

图 4-34　安装成功

硬件连接成功后，将实验系统和 USB-Blaster 下载器连接，打开电源。在菜单 Tools 中选择 Programmer，即可打开编程窗口，如图 4-35 所示。在 Mode 栏选 JTAG（默认），并勾选下载文件右侧的第一小方框。注意要核对下载文件路径与文件名。如果此文件没有出现或有错，单击左侧"Add File"按钮，手动选择配置文件 BJ3. sof。

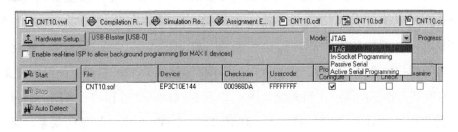

图 4-35　选择编程下载文件和下载模式

若是初次安装的 Quartus II，在编程前必须进行下载器选择操作。若准备选择 USB-Blaster 下载器。单击 Hardware Setup 按钮可设置下载接口方式，在弹出的 Hardware Setup 对话框中（见图 4-36），选择 Hardware Settings 标签，再双击此页中的选项 USB-Blaster 之后，单击 Close 按钮，关闭对话框。这时应该在编程窗右上显示出编程方式：USB-Blaster。

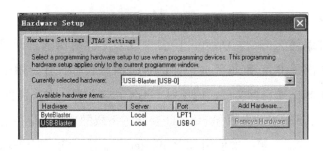

图 4-36　加入编程下载方式

最后单击下载标符 Start 按钮，即进入对目标器件 FPGA 的配置下载操作。当 Progress 显示出 100%，或处理信息栏中出现 "Configuration Succeeded" 时，表示编程成功。

可以点击如图 4-35 所示编程对话框的 Auto Detect 按钮，看是否能读出实验系统上 FPGA 的型号。如果可以，说明 USB-Blaster 下载器与 FPGA 的 JTAG 口已连接好。

编程成功后，拨动拨码开关，观察 3 个开关和发光二极管的对应关系，判断该电路是否工作正常。

3. 对 FPGA 配置器件编程

将 SOF 文件配置进 FPGA 的目的是为了对载入 FPGA 的数字电路进行硬件测试和实际功能评估，然而由于此文件代码是处于 FPGA 中 LUT 内的 SRAM 中的，系统一旦掉电，所有信息都将丢失。为了使系统上的 FPGA 在一上电后能自动获取 SOF 配置文件而迅速建立起相应的逻辑电路结构，必须事先对此 FPGA 专用的配置 FLASH 芯片（例如 EPCS4 芯片）进行编程，将 SOF 文件（或是由 SOF 转化的文件）烧写固化到里面。此后，每当上电，FPGA 即能从 EPCSx 芯片中获得配置文件，以构建起拥有指定功能的逻辑系统。图 4-37 就是这样一个过程的示意图。通过专用的下载器 USB-Blaster，计算机能经由 JTAG 口，与 FPGA 建立起双向联系。通过这

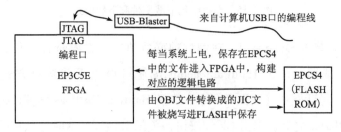

图 4-37　利用 USB-Blaster 经由 FPGA 向 FPGA 的专用配置器件 EPCS4 编程下载

条通道，计算机可以向 FPGA 直接配置 SOF 文件，也能向 EPCS 器件烧写文件，或实时收集内部系统的运行信息，还能对 FPGA 的内部逻辑及嵌入的各种功能模块进行测控。

以下介绍利用 JTAG 口对 EPCS 器件进行编程的方法。具体流程是首先将 SOF 文件转化为 JTAG 间接配置文件，再通过 FPGA 的 JTAG 口为 EPCS 器件编程，步骤如下。

（1）将 SOF 文件转化为 JTAG 间接配置文件。

选择 File→Convert Programing Files 命令，在弹出的窗口（见图 4-38）中做如下选择：

①首先在 Programming file type 下拉列表框中选择输出文件类型为 JTAG 间接配置文件类型：JTAG Indirect Configuration File，后缀为 .jic。

②然后在 Configuration device 下拉列表中选择配置器件型号，这里选择 EPCS4。

③再于 File name 文本框中键入输出文件名，如 output_file.jic。

④选择下方 Input file to convert 栏中的 Flash Loader，再选择右侧的 Add Device 按钮，对于弹出的 Select Device 器件选择窗（见图 4-39），于左栏中选定目标器件的系列，如 Cyclone III；再于右栏中选择具体器件 EP3C5。选中 Input file to convert 栏中的 SOF Data 项，然后点击右侧的 Add File 按钮，选择 SOF 文件 BJ3.sof。

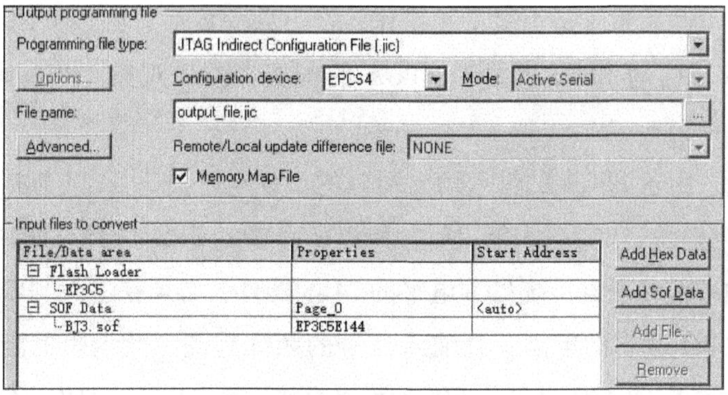

图 4-38 设定 JTAG 间接编程文件

为了使 EPCS4 能腾出空间供以后使用（如 SOPC 的 C 程序代码存放），需要在压缩后进行转换。所以首先单击选中 Input file to convert 栏中的 BJ3.sof 文件名，然后单击右下的 Properties 按钮，在弹出的对话框中选中 Compression 复选框（见图 4-40）。最后单击 Generate 按钮，即生成所需要的间接编程配置文件。

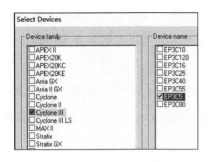

图 4-39　选择目标器件 EP3C5

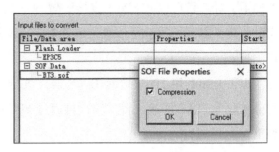

图 4-40　选定 SOF 文件后，选择文件压缩

（2）下载 JTAG 间接配置文件。

选择 Tool｜Programmer 命令，选择 JTAG 模式，加入 JTAG 间接配置文件 output_file. jic，按图 4-41 所示做必要的选择，单击 Start 按钮后进行编程下载。

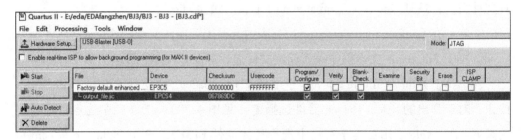

图 4-41　用 JTAG 模式经由 FPGA 对配置器件 EPCS4 进行间接编程

为了证实下载后系统是否能正常工作，在下载完成后，必须关闭系统电源，再打开电源，以便启动 EPCS 器件对 FPGA 的配置。然后观察 FPGA 内模块的工作情况。

另须注意，由于 FPGA 的输入输出端口的 I/O 电平是 3.3V（包括下载于 FPGA 内部的 74 系列模块，如 74LS138 等），所以所有输入 FPGA 的信号的电平必须在这个范围内。如果信号来自传统 TTL 电平的 74LS 器件，必须在进入 FPGA 的信号通道上串接一个 200Ω 左右的电阻，且输入信号的频率越高，此电阻的阻值应该越小。若是输出，此类 3.3V I/O 电平的 FPGA 可以直接驱动 74LS、74HC、CD4000 等系列的逻辑器件。

4.6.4　实验内容

（1）用原理图输入方法设计一个 5 人表决电路，参加表决者 5 人，同意为 1，不同意为 0，同意者过半则表示通过，绿指示灯亮；表决不通过则红指示灯亮。在 Quartus II 上进行编辑输入、仿真、验证电路正确性，然后在 EP3C55 芯片中进行硬件测试和验证。

（2）用两片7485设计一个8位比较器。在 Quartus II 上进行编辑输入、仿真、验证电路正确性，然后在 EP3C55 芯片中进行硬件测试和验证。

（3）设计一个比较电路，当输入的 8421BCD 码大于5时输出1，否则输出0。在 Quartus II 上进行编辑输入、仿真、验证电路正确性，然后在 EP3C55 芯片中进行硬件测试和验证。

（4）设计一个2位 BCD 码减法器。在 Quartus II 上进行编辑输入、仿真、验证电路正确性，然后在 EP3C55 芯片中进行硬件测试和验证。

（5）设计8位串行进位加法器电路。在 Quartus II 上进行编辑输入、仿真、验证电路正确性，然后在 EP3C55 芯片中进行硬件测试和验证。

（6）设计4位乘法器电路。在 Quartus II 上进行编辑输入、仿真、验证电路正确性，然后在 EP3C55 芯片中进行硬件测试和验证。

（7）设计一个4位4输入最大数值检测器。在 Quartus II 上进行编辑输入、仿真、验证电路正确性，然后在 EP3C55 芯片中进行硬件测试和验证。

（8）实验室有 D1、D2 两个故障指示灯，用来表示三台设备的工作情况，当只有一台设备有故障时 D1 灯亮；若有两台设备发生故障时，D2 灯亮；若三台设备都有故障时，则 D1、D2 灯都亮，设计故障显示逻辑电路。在 Quartus II 上进行编辑输入、仿真、验证电路正确性，然后在 EP3C55 芯片中进行硬件测试和验证。

（9）某学期开设4门课程，各科合格成绩分别为1分、2分、3分、4分，不合格成绩为0分，要求4门总成绩达到7分方可结业，设计其判别电路。在 Quartus II 上进行编辑输入、仿真、验证电路正确性，然后在 EP3C55 芯片中进行硬件测试和验证。

（10）在一旅游胜地，有两辆缆车可供游客上下山，请设计一个控制缆车正常运行的逻辑电路。要求：缆车 A 和 B 在同一时刻只能允许一上一下地行驶，并且必须同时把缆车的门（C）关好后才能行使。在 Quartus II 上进行编辑输入、仿真、验证电路正确性，然后在 EP3C55 芯片中进行硬件测试和验证。

4.6.5 思考题

1. 简述 Quartus II 的完整开发流程。

2. 用 EP3C55 芯片进行硬件测试过程中，需对引脚进行分配。引脚分配要注意哪些问题？

3. 详细说明通过 JTAG 口对 FPGA 的配置 FLASH EPCS 器件的间接编程方法和流程。

4. OLMC 有何功能？说明 GAL 是怎样实现可编程组合电路与时序电路的。

5. 请参阅相关资料，并回答问题：将基于乘积项的可编程逻辑结构的 PLD 器件归类为 CPLD；将基于查找表的可编程逻辑结构的 PLD 器件归类为 FPGA，那么，APEX 系列属于什么类型 PLD 器件？MAX II 系列又属于什么类型的 PLD 器件？为什么？

第 5 章

时序电路的自动化设计、仿真及实现

5.1 基于 74 宏模块的计数器设计

5.1.1 实验目的

（1）熟悉常见 74 宏模块的功能。

（2）掌握用清零法或置数法设计计数器。

（3）掌握用多片计数器芯片级联设计计数器的方法。

5.1.2 实验仪器与器件

本实验所需的仪器及器件如表 5-1 所示。

表 5-1　实验所需的仪器及器件

序号	仪器或器件名称	型号或规格	数量
1	逻辑实验箱		
2	PC		
3	Quartus II 软件		
4	FPGA/CPLD 开发板		
5	USB-Blaster 下载器		

5.1.3 实验原理

计数器是最常见的时序电路，应用十分广泛。计数器主要是通过累计脉冲的个数来进行计数、测量和控制的。

常见的 74 系列的计数器有很多种，表 5-2 列出了其中一部分。

表 5-2　常见 74 系列计数器芯片

型号	功能	型号	功能
74160	十进制计数器，同步置数，异步清零	74190	十进制可逆计数器，异步置数
74161	4 位二进制计数器，同步置数，异步清零	74191	4 位二进制可逆计数器，异步置数
74162	十进制计数器，同步置数，同步清零	74192	十进制可逆计数器，异步清零
74163	4 位二进制计数器，同步置数，同步清零	74193	4 位二进制可逆计数器，异步清零
7490	二-五-十进制计数器	74390	双十进制计数器

在 Quartus II 软件中，元件库中有大量丰富的宏模块，也包含上述计数器功能宏模块，可以调用这些熟悉的元件来设计计数器。

例如，利用 74LS161（在元件库中为 74161）反馈置数实现计数模值为 11 的计数器，如图 5-1 所示。预置数为 0000，当计数输出端 $Q_3Q_2Q_1Q_0$ 计数到 1010 时，置数端 $LD = \overline{Q_3Q_1} = 0$ 有效。在 CLK 下一个上升沿到来时，输出状态转为预置数状态 0000，置数端 $\overline{LD} = \overline{Q_3Q_1} = 1$ 无效，所以计数器继续正常计数，直至再次计数到 1010。如此循环，即可实现从 0000 到 1010 周期性变化的十一进制计数器。

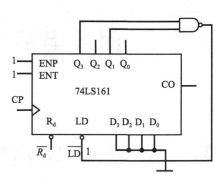

图 5-1　模 11 计数器原理图

打开 Quartus II，创建一个新工程 counter11。为新工程创建文件夹 counter11，选择目标器件为 EP3C5E144C8。创建完成后，点击 New | Block Diagram/Schematic File，新建原理图文件，打开图形编辑窗口。双击图形编辑窗口的空白处，打开 Symbol 对话框，在 Name 的文本输入框中键入 74161，即可调出 74161 的功能宏模块，如图 5-2 所示。

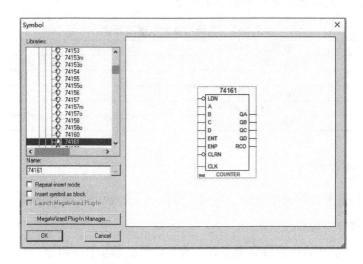

图 5-2　从元件库中调用 74161 宏模块

将 74161 放置在图形编辑窗口的合适位置，再依次在元件库中选择 vcc、gnd、nand2、input、output 等元件，按照图 5-1 所示的原理图，用导线将元件连接起来。定义输入时钟信号为 CLK，输出信号为向量 Q，如图 5-3 所示。因为输出向量 Q 实际包含四根输出信号线，命名的时候格式为 $Q[3..0]$，即可表示 $Q[0] \sim Q[3]$ 这 4 路输出信号。再将 74161 的四路输出信号依次命名为 $Q[0]$、$Q[1]$、$Q[2]$、$Q[3]$，注意，这里中括号不可省略，否则不能直接与输出端口关联。

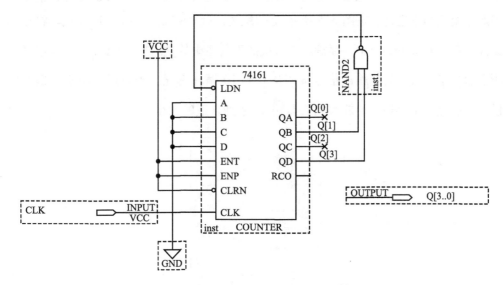

图 5-3　在 Quartus II 中绘制原理图

原理图绘制完成后，文件命名为 counter11，存盘。然后，点击 Processing｜Start Compile，开始编译。编译通过后，为了验证设计的正确性，需要进行仿真。点击 New｜Vector Waveform File，新建一个矢量波形文件。在打开的波形编辑窗口双击，插入节点。打开 Node Finder，选择所有输入输出端口（Pins：all），即可看到波形编辑窗口中已经插入了所有的输入输出端口，如图 5-4 所示。

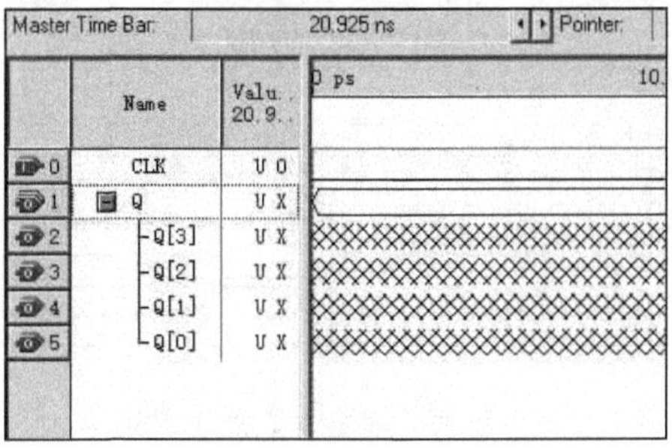

图 5-4　波形编辑窗口

接下来设置波形仿真时间域，点击 Edit 中的 End time，设置仿真结束时间，通常设置为几十微秒，在这里可以设置为 $50\mu s$。同样，在菜单 Edit 中将 Grid size 设置为 100ns，以便于观察波形。

这里的输入信号只有时钟信号 CLK，时钟信号一般是按照一定频率变化的周期性方波。先点击 CLK，选中 CLK 信号，然后点击工具栏上的　，即可打开时钟信号对话框，为时钟信号赋值，如图 5-5 所示。在 Time period 中，可设置时钟信号的周期、相位和占空比，按图 5-5 所示设置参数，设置完成，点击 OK 按钮。将波形文件命名为 counter11. vwf，存盘。点击快捷工具栏中的　进行仿真，得到如图 5-6 所示的结果，可以看到输出信号按照从 0 到 10 循环变化。当波形大小不合适的时候，可以点击工具栏中的放大镜工具　缩放到合适的大小。

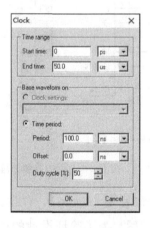

图 5-5　时钟信号赋值

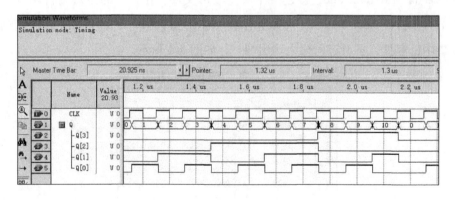

图 5-6　十一进制计数器仿真结果

同样，可以在 Quartus II 中调用多片计数器级联，以设计更大规模的计数器。如图 5-7 所示，这是由 3 片十进制计数器 74LS160 级联在一起的 1000 进制计数器，仿真波形如图 5-8 所示。

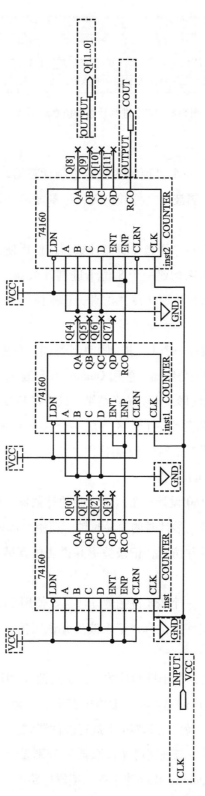

图5-7 1000进制计数器

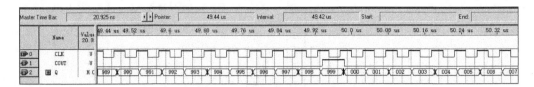

图 5-8　1000 进制计数器仿真结果

5.1.4　实验内容

（1）使用 74LS161 设计一个可预置的任意进制计数器，使用 Quartus II 创建工程、编辑电路图、编译，编辑波形文件并仿真，记录波形并说明仿真结果，最后在 FPGA 上进行硬件测试。

（2）使用 74LS390 设计一个两位十进制计数器，然后使此计数器在新的工程中作为一个可调用的元件，用它构建一个 8 位十进制计数器。使用 Quartus II 创建工程、编辑电路图、编译，编辑波形文件并仿真，记录波形并说明仿真结果，最后在 FPGA 上进行硬件测试。

（3）用 74LS161 模块设计一个十二进制加法计数器，并注意考察计数器的可行性和可靠性，然后设计一个数控分频器。使用 Quartus II 创建工程、编辑电路图、编译，编辑波形文件并仿真，记录波形并说明仿真结果，最后在 FPGA 上进行硬件测试。

（4）用一片 74LS163 和两片 74LS138 构成一个具有 12 路脉冲输出的数据分配器。要求在原理图上标明第 1 路到第 12 路输出的位置。若改用一片 74LS195 代替以上的 74LS163，试完成同样的设计。

（5）先使用两片 74LS160 设计一个六十进制的计数器，生成一个元件。再利用这个元件，构建一个具有分、秒计时的简易时钟。使用 Quartus II 创建工程、编辑电路图、编译，编辑波形文件并仿真，记录波形并说明仿真结果，最后在 FPGA 上进行硬件测试。

（6）使用 74LS160 设计一个 288 进制的计数器。使用 Quartus II 创建工程、编辑电路图、编译，编辑波形文件并仿真，记录波形并说明仿真结果，最后在 FPGA 上进行硬件测试。

（7）74LS192 是一种可逆的十进制计数器，试用两片 74LS192 实现 25 进制的倒计时计数器。使用 Quartus II 创建工程、编辑电路图、编译，编辑波形文件并仿真，记录波形并说明仿真结果，最后在 FPGA 上进行硬件测试。

（8）试用 74LS193（4 位二进制可逆计数器）分别设计十二进制加法计数器和八进制减法计数器。使用 Quartus II 创建工程、编辑电路图、编译，编辑波形文件并仿真，记录波形并说明仿真结果，最后在 FPGA 上进行硬件测试。

（9）用74LS90（二－五－十进制计数器）设计一个24进制加法计数器。使用 Quartus II 创建工程、编辑电路图、编译，编辑波形文件并仿真，记录波形并说明仿真结果，最后在 FPGA 上进行硬件测试。

（10）用74LS190（十进制可逆计数器）设计一个85进制加法计数器。使用 Quartus II 创建工程、编辑电路图、编译，编辑波形文件并仿真，记录波形并说明仿真结果，最后在 FPGA 上进行硬件测试。

5.1.5　思考题

1. 进位输出信号或借位输出信号有什么特点？应如何设计？
2. 仿真时，时钟信号赋值需要注意哪些问题？
3. 锁存器和触发器的主要区别是什么？边沿触发器与主从触发器比较，前者具有什么优点？
4. 说明 PAL、GAL、CPLD 器件及 FPGA 可编程逻辑器件各自的特点？
5. OLMC 有何功能？说明 GAL 是怎样实现可编程组合电路与时序电路功能的。

5.2　基于一般模型的计数器设计

5.2.1　实验目的

（1）熟悉计数器的一般模型。
（2）掌握在 Quartus II 中实现计数器一般模型的方法。
（3）掌握自顶向下的电路设计方法。

5.2.2　实验仪器与器件

本实验所需的仪器及器件如表5-3所示。

表5-3　实验所需的仪器及器件

序号	仪器或器件名称	型号或规格	数量
1	逻辑实验箱		
2	PC		
3	Quartus II 软件		
4	FPGA/CPLD 开发板		
5	USB-Blaster 下载器		

5.2.3 实验原理

如果把计数器看作输出状态随时钟信号不断变化的状态机，可以把它抽象成如图 5-9 所示的一般结构模型。在这个模型里，包含一个根据现态求得次态的状态译码器，以及一个由时钟信号同步控制的 n 位寄存器组。

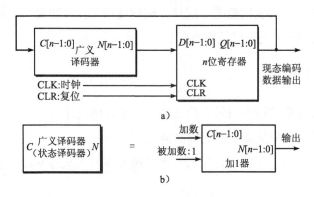

图 5-9　计数器的一般模型

在 Quartus II 中，无论是实现寄存器组模块，还是实现译码器模块，都是比较容易的。例如实现一个模 16 计数器，根据 4.4 节广义译码器的设计方法，可以写 Verilog HDL 代码实现。

首先创建新工程 counter16，为新工程建立新文件夹 counter16，将工程和顶层文件命名为 counter16。点击 New｜Verilog HDL File，新建文本文件，打开文本编辑窗口，键入 Verilog HDL 代码，如图 5-10 所示，生成 CNT16 元件。

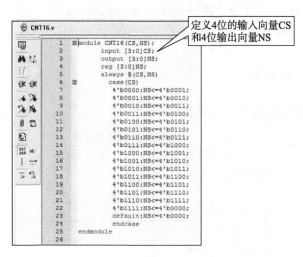

图 5-10　状态译码器的 Verilog HDL 代码

在这里，由于输出状态有 4 位，需要 4 个寄存器保存数据，所以寄存器组模块的电路图如图 5-11 所示。点击 New｜Block Diagram/Schematic File，新建一个原理图文件，命名为 DFF4。在打开的图形编辑窗口放置 4 个 DFF 元件，以及相应的输入输出端口，连线。将所有的时钟信号用统一的时钟输入信号 CLK 来控制，所有的清零信号用 RST 来统一控制。命名好输入输出端口，4 位寄存器组模块就绘制好了，生成一个 DFF4 元件。当然也可以调用元件库中的 74175 等集成的寄存器宏模块实现电路。

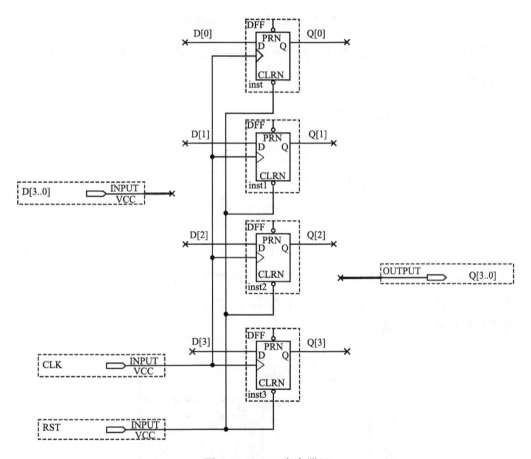

图 5-11　DFF4 寄存器组

然后再新建一个原理图文件，命名为 counter16，作为顶层文件，与工程同名。调用 CNT16 和 DFF4 元件，按照计数器一般结构模型连接两个元件。注意在模块间传输多位数据时，点击工具栏上的 ⏋ 符号，用总线进行连接。加上相应的输入和输出端口，绘制顶层电路，如图 5-12 所示。

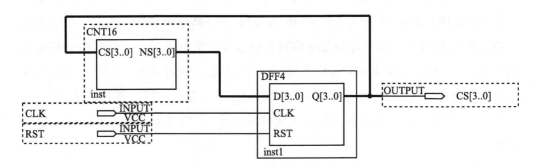

图 5-12　计数器一般模型原理图

设计计数器时，有时需要设计进位输出或者借位输出信号，因此增加一个进位信号，如图 5-13 所示。

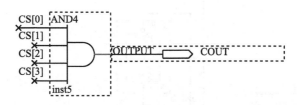

图 5-13　进位输出电路

电路原理图绘制完成后，接下来是编译、仿真和下载。仿真时，尽量测试所有的输入情况。例如在 RST 信号初期，用鼠标左键拖曳的方式选中一段，并置为低电平（有效，清零），后面置为高电平（无效，正常计数），如图 5-14 所示，以观察清零信号对输出的影响。

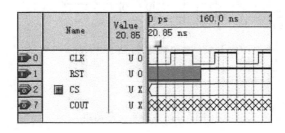

图 5-14　对 RST 赋值

图 5-15 是十六进制计数器的仿真结果，可见，在计数状态到达 1110 时，进位输出有一个毛刺。因为在输出状态从 1011 到 1110 变化时，变化时间不一致，导致有 1111 的信号短暂发生，所以出现了进位输出端的毛刺。

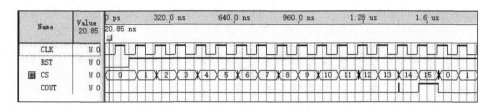

图 5-15　十六进制计数器仿真结果

在这个一般模型电路的基础上，增加一个比较器模块，可以实现反馈清零型的一般模型电路。例如实现一个模 12 计数器，电路模块如图 5-16 所示。

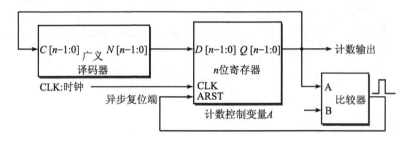

图 5-16　基于一般模型的反馈清零型电路模块

在 Quartus II 中画出原理图，如图 5-17 所示。其中，译码器模块、寄存器组与之前电路中的一模一样。比较器模块用来比较现态 CS 和反馈清零预置数 A。如果两者相等，则清零；不相等，则正常计数。

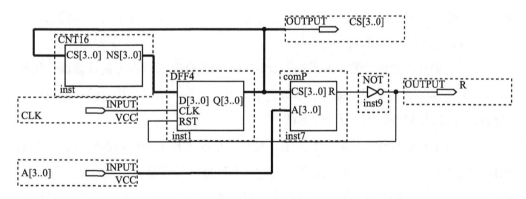

图 5-17　反馈清零的一般模型电路原理图

比较器的具体实现代码如下：

```
module comP(CS,A,R);        // 定义模块名及输入输出端口
  input [3:0]CS,A;          // 定义输入端口,CS 为现态输出,A 为预置清零状态
  output R;                 // 定义输出端口,R 为清零标志数
  reg R;                    // 输出端口定义为 reg 类型
```

```
always@(CS,A,R)            // always 过程语句,当 CS、A、R 发生变化时,执行后面的块语句
  case(CS)                 // case 条件语句,这里也可以用 if 语句实现同样的功能
    A:R<=1'b1;             // 当 CS 等于 A,R 被赋值为 1,这时反馈回寄存器,使输出清零
    default:R<=1'b0;       // 当 CS 不等于 A,R 被赋值为 0,这时计数器正常计数
  endcase                  // case 语句结束
endmodule                  // 模块结束
```

这个电路可以通过修改清零预置数 A,方便地更改计数模值,仿真结果如图 5-18 所示。

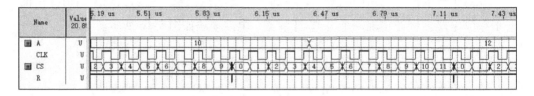

图 5-18　反馈清零型一般模型电路的仿真结果

5.2.4　实验内容

（1）基于一般模型,设计一个十进制加法计数器。使用 Quartus II 创建工程、编辑电路图、编译,编辑波形文件并仿真,记录波形并说明仿真结果,最后在 FPGA 上进行硬件测试。

（2）基于一般模型,设计一个功能类似 74LS160 的计数器。使用 Quartus II 创建工程、编辑电路图、编译,编辑波形文件并仿真,记录波形并说明仿真结果,最后在 FPGA 上进行硬件测试。

（3）根据计数器设计的一般模型,设计一个十二进制加减法可逆计数器。使用 Quartus II 创建工程、编辑电路图、编译,编辑波形文件并仿真,记录波形并说明仿真结果,最后在 FPGA 上进行硬件测试。

（4）基于自动设计方法的一般模型,设计一个模可控的同步加法计数器,要求当控制信号 $M=0$ 时为六进制计数器,当 $M=1$ 时为十二进制计数器。使用 Quartus II 创建工程、编辑电路图、编译,编辑波形文件并仿真,记录波形并说明仿真结果,最后在 FPGA 上进行硬件测试。

（5）根据计数器设计的一般模型,设计初值可预置的计数器,变换预置数可使计数模值在 2～20 变化。使用 Quartus II 创建工程、编辑电路图、编译,编辑波形文件并仿真,记录波形并说明仿真结果,最后在 FPGA 上进行硬件测试。

（6）序列信号是指在脉冲作用下循环地产生一串周期性的二进制信号。根据计

数器设计的一般模型，设计序列信号发生电路，产生 101101011 的序列信号。使用 Quartus II 创建工程、编辑电路图、编译，编辑波形文件并仿真，记录波形并说明仿真结果，最后在 FPGA 上进行硬件测试。

（7）根据计数器设计的一般模型，设计一个 8421BCD 码计数器。使用 Quartus II 创建工程、编辑电路图、编译，编辑波形文件并仿真，记录波形并说明仿真结果，最后在 FPGA 上进行硬件测试。

（8）根据计数器设计的一般模型的异步控制型，设计一个十进制加法计数器。使用 Quartus II 创建工程、编辑电路图、编译，编辑波形文件并仿真，记录波形并说明仿真结果，最后在 FPGA 上进行硬件测试。

（9）根据计数器设计的一般模型的同步加载型，设计一个十进制加法计数器。使用 Quartus II 创建工程、编辑电路图、编译，编辑波形文件并仿真，记录波形并说明仿真结果，最后在 FPGA 上进行硬件测试。

（10）根据计数器设计的一般模型的异步加载型，设计一个十进制加法计数器。使用 Quartus II 创建工程、编辑电路图、编译，编辑波形文件并仿真，记录波形并说明仿真结果，最后在 FPGA 上进行硬件测试。

5.2.5　思考题

1. 计数器的一般模型和状态机之间有什么联系？
2. 同步清零端和异步清零端的区别是什么？
3. 消除毛刺的方法有哪些？
4. 在 Verilog 设计中，给时序电路清 0（复位）有两种不同方法，它们是什么？如何实现？
5. 哪一种复位方法必须将复位信号放在敏感信号表中？给出这两种电路的 Verilog 描述。

5.3　基于 LPM 的时序电路设计

5.3.1　实验目的

（1）熟悉 LPM 的各类宏模块。
（2）掌握使用 LPM_COUNTER 模块设计计数器的方法。
（3）掌握使用 PLL 模块设计分频器的方法。

5.3.2 实验仪器与器件

本实验所需的仪器及器件如表5-4所示。

表5-4 实验所需的仪器及器件

序号	仪器或器件名称	型号或规格	数量
1	逻辑实验箱		
2	PC		
3	Quartus II 软件		
4	FPGA/CPLD 开发板		
5	USB-Blaster 下载器		

5.3.3 实验原理

LPM 是参数可设置模块库（Library of Parameterized Module）的英文缩写，Altera 在 Quartus II 中提供了种类丰富的参数可调的宏功能模块，方便电路设计。下面介绍三种：计数器（LPM_COUNTER）、锁相环（PLL）、存储器（ROM 和 RAM）。

1. 计数器（LPM_COUNTER）

LPM_COUNTER 是设计计数器的宏模块。在元件库中调用这个宏模块，通过设置计数模值、输入输出端口位数、计数方式、控制方式等一系列参数，直接生成目标计数器模块。

具体的步骤如下。

首先，创建新的工程，命名为 LPMcounter，放在一个新的文件夹里，然后点击 New｜Block Diagram/Schematic File，新建一个原理图文件。在打开的图形编辑窗口里，双击左键，打开元件库对话框，如图5-19所示。

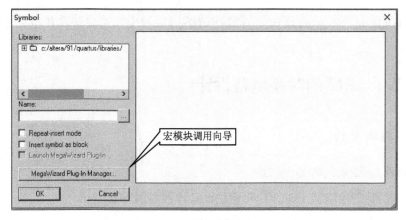

图5-19 元件库对话框

点击 OK 按钮上方的宏模块插入向导键，打开宏模块创建向导的第一页，如图 5-20 所示，选择第一项，创建一个新的宏模块。

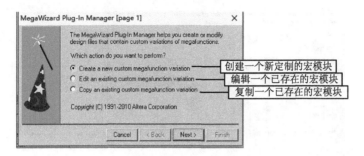

图 5-20 创建新的宏模块

点击 Next 按钮后，打开宏模块创建向导的第二页，如图 5-21 所示。

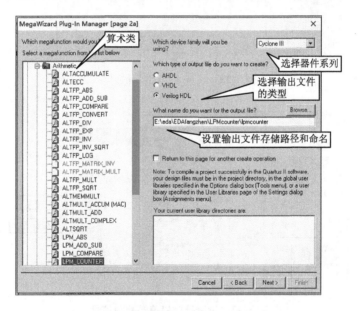

图 5-21 设置创建宏模块的种类和路径

在这个对话框中，左栏是创建宏模块的种类。选择第一大类 Arithmetic 下面的 LPM_COUNTER，创建一个计数器。在对话框右边选择所用的器件类型，以及输出文件的类型和存储路径。点击 Next 按钮，进入下一个对话框，如图 5-22 所示。

根据所要设计的目标计数器要求，设置输出位宽，选择计数的方式（加法、减法、加减法）。点击 Next 按钮，进入下一个对话框，如图 5-23 所示。

在这个对话框中，可以设置计数器的模式和一些附加的控制信号。如果选中 Plain Binary，输出位宽为 8，即为一个 8 位二进制加法计数器，也就是 256 进制的计数器。如果需要其他模值的计数器，则选第二项，在文本框中输入计数器的模值，例如输入 200，即可生成 200 进制计数器。

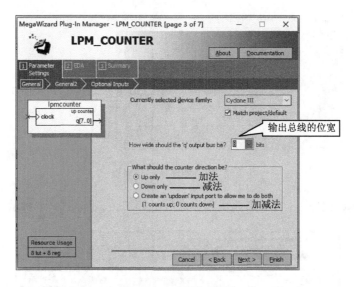

图 5-22　设置 8 位加法计数器

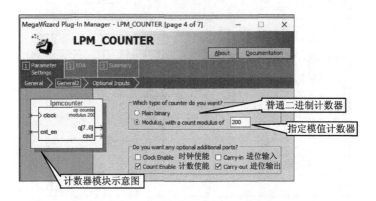

图 5-23　设置计数模值和控制信号

下面根据需要勾选控制信号，这里选择计数使能端和进位输出端，也可以都不勾选。点击 Next 按钮，进入下一个对话框，如图 5-24 所示。

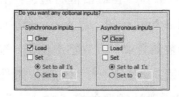

图 5-24　选择同步控制端和异步控制端

这一页选择同步控制端和异步控制端，这里勾选同步置数和异步清零。接下来的几个对话框选默认设置即可，点击 Finish 按钮完成。调用这个元件，并放置在窗口合适的位置，加上输入输出端口，连接好导线，计数器电路如图 5-25 所示。

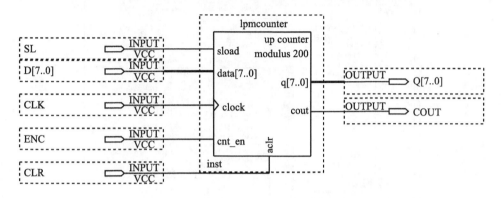

图 5-25　利用 LPM 设计的计数器原理图

2. 锁相环

时钟是 FPGA 运行的动力之源，时钟的稳定直接影响系统的稳定。在 FPGA 的系统中，时钟一般由外部晶体振荡电路实现。不论是有源晶振还是无源晶振，在稳定性上多多少少有些问题，因此需要在 FPGA 内部做一些处理，例如，使用锁相环（PLL）。

FPGA 中的 PLL 模块对时钟信号不仅有反馈调整的功能，还可以分频、倍频。当系统中需要多种时钟信号时，可以通过 PLL 分频或者倍频同时输出多路精准的时钟信号。

PLL 宏模块的具体设置步骤如下。

首先创建一个新的工程，命名为 LPMPLL，并放置在一个新的文件夹里。点击 New | Block Diagram/Schematic File，新建一个原理图文件。在打开的图形编辑窗口里，双击左键，打开元件库对话框。点击 Megawizard Plug_In Manager，打开宏模块创建向导。在打开的对话框中，在左栏所示种类中选 I/O 类下的 ALTPLL，如图 5-26 所示。设置输出文件的存储路径和名称，然后点击 Next 按钮。

打开的对话框如图 5-27 所示，按照实际情况设置输入的时钟频率，其余选择默认设置，点击 Next 按钮。

按图 5-28 设置输入信号和锁定信号，接下来的几个对话框都采用系统默认设置。进入 outputClocks 设置页面后，根据需要设置输出频率、相位、占空比等，如图 5-29 所示。

图 5-26　选择所需的宏模块

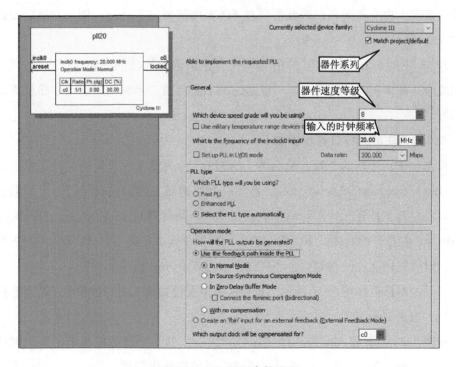

图 5-27　PLL 通用参数设置

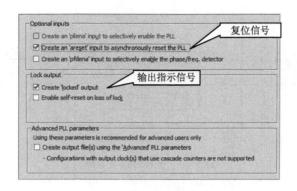

图 5-28　设置输入和锁定信号

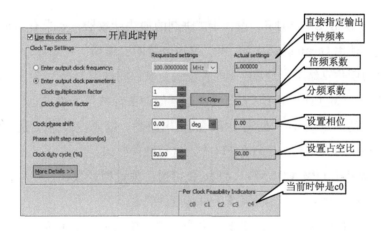

图 5-29　PLL 的输出设置

设置好输出时钟 C0 后，如果还需要其他时钟，还可以继续设置 C1，如图 5-30 所示，勾选 Use this clock。一共有 5 个可选的时钟（C0，C1，C2，C3，C4），可根据需要选用和设置。若不需要其他时钟，可以点击 Next 按钮略过此步，直至点击 Finish 按钮结束设置。图 5-31 是锁相环模块的电路。

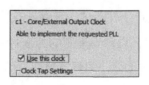

图 5-30　勾选 C1 时钟有效

锁相环分频和倍频的系数都是有限的，具体范围和器件有关。如果分频不能满足需要，可以级联计数器来提高分频系数。例如先用锁相环实现 20 分频，再级联一个 1K 的计数器，即可实现 20K 分频。

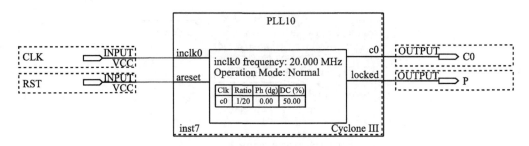

图 5-31　锁相环模块电路

5.3.4　实验内容

（1）基于 LPM_COUNTER，设计十二进制的加法计数器，要求有异步清零端和同步置数端。使用 Quartus II 创建工程、编辑电路图、编译，编辑波形文件并仿真，记录波形并说明仿真结果，最后在 FPGA 上进行硬件测试。

（2）基于 LPM_COUNTER，设计 288 进制的加法计数器，要求有异步清零端和同步置数端。使用 Quartus II 创建工程、编辑电路图、编译，编辑波形文件并仿真，记录波形并说明仿真结果，最后在 FPGA 上进行硬件测试。

（3）完成基于 LPM_COUNTER 的 16 位可逆可预置型计数器设计。利用 Quartus II 创建工程、时序仿真、在实验系统上进行硬件验证。

（4）基于 LPM_COUNTER，设计分频器，要求输出 100 分频信号。使用 Quartus II 创建工程、编辑电路图、编译，编辑波形文件并仿真，记录波形并说明仿真结果，最后在 FPGA 上进行硬件测试。

（5）基于 ALTPLL 和 LPM_COUNTER 宏模块，设计分频器。将开发板上的 50MHz 或者 20MHz 的时钟信号分频为 2Hz，作为 5.3.4 实验内容（1）所设计的十二进制计数器的时钟信号。使用 Quartus II 创建工程、编辑电路图、编译，引脚锁定，并编程下载到 FPGA 上进行硬件测试，观察计数器的计数输出及变化频率。

（6）基于 LPM_COUNTER，设计十进制的加法计数器，要求有同步清零端和同步置数端。使用 Quartus II 创建工程、编辑电路图、编译，编辑波形文件并仿真，记录波形并说明仿真结果，最后在 FPGA 上进行硬件测试。

（7）基于 LPM_COUNTER，设计 256 进制的加法计数器，要求有异步清零端和异步置数端。使用 Quartus II 创建工程、编辑电路图、编译，编辑波形文件并仿真，记录波形并说明仿真结果，最后在 FPGA 上进行硬件测试。

（8）完成基于 LPM_COUNTER 的 8 位可逆可预置型计数器设计。利用 Quartus II

创建工程、时序仿真、在实验系统上进行硬件验证。

（9）基于 LPM_COUNTER，设计分频器，输出 64 分频信号。使用 Quartus II 创建工程、编辑电路图、编译，编辑波形文件并仿真，记录波形并说明仿真结果，最后在 FPGA 上进行硬件测试。

（10）基于 ALTPLL 和 LPM_COUNTER 宏模块，设计分频器。将开发板上的50MHz 或者 20MHz 的时钟信号分频为 1Hz，作为实验（6）所设计的十进制计数器的时钟信号。使用 Quartus II 创建工程、编辑电路图、编译，引脚锁定，并编程下载到 FPGA 上进行硬件测试，观察计数器的计数输出及变化频率。

5.3.5 思考题

1. 如果不使用 MegaWizard Plug-In Manager 工具，如何在自己的设计中调用 LPM 模块？以计数器 LPM_COUNTER 为例，写出调用该模块的程序，其中参数自定。
2. 总线如何绘制？如何赋值？
3. PLL 是什么？有什么特点？
4. 在上面第 2 题中，如果要求分频输出信号的占空比是 50%，应如何实现？

5.4 按键消抖电路设计

5.4.1 实验目的

（1）熟悉按键消抖电路的使用。
（2）掌握译码显示原理和数码管的驱动方法。
（3）掌握按键消抖电路的设计方法。

5.4.2 实验仪器与器件

本实验所需的仪器及器件如表 5-5 所示。

表 5-5 实验所需的仪器及器件

序号	仪器或器件名称	型号或规格	数量
1	逻辑实验箱		
2	PC		
3	Quartus II 软件		
4	FPGA/CPLD 开发板		
5	USB-Blaster 下载器		

5.4.3　实验原理

通常电子电路中所用到的开关都是机械装置，在通断的时候都会产生机械抖动，如图 5-32 所示，所以在使用按键的时候，经常需要设计按键消抖电路，尤其是用按键对时序电路加激励信号的时候。这里介绍一种按键消抖电路的设计。

例如，用按键步进地调节 2 位十进制计数器的变化，电路的模块框图如图 5-33 所示，顶层实体中包含 3 个模块。

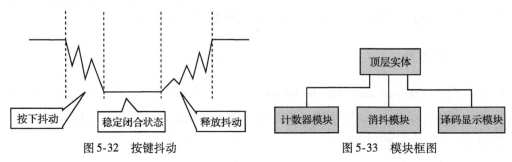

图 5-32　按键抖动　　　　　　　　　　图 5-33　模块框图

1. 计数器模块

74LS390（元件库中为 74390）是双十进制的计数器，其逻辑符号和功能表如图 5-34 所示。这里使用 74LS390 连接成两个独立的十进制计数器，模块命名为 CNT2D，内部结构如图 5-35 所示。当分别把 1QA 和 1CLKB、2QA 和 2CLKB 相连接后，就实现了两个十进制的计数器，1QD、1QC、1QB、1QA 和 2QD、2QC、2QB、2QA 的输出状态均从 0 到 9 递增变化。

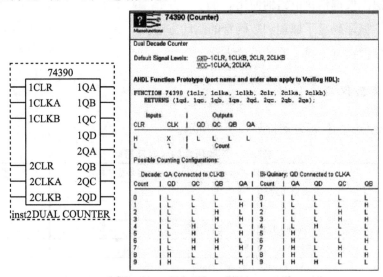

图 5-34　74LS390 逻辑图符号和功能表

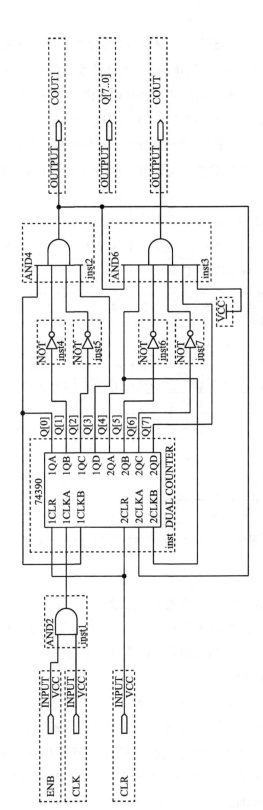

图5-35 由74LS390构成的2位十进制计数器电路图

时钟信号 CLK 通过一个与门进入 74LS390 的计数器 1CLKA 端，与门的另一端由计数器使能信号 ENB 控制：当 ENB = 1 时允许计数，ENB = 0 时禁止计数。内部计数器 1 的输出通过一个 4 输入与门和两个反相器构成进位信号 COUT1，即当计数到 9（1001）时，输出进位信号 COUNT1 = 1。此进位信号进入内部计数器 2 的时钟输入端 2CLKA，将两个十进制计数器级联起来，可构成 100 进制计数器。总的进位信号 COUT 由一个 6 输入与门和两个反相器产生。CLR 是计数器的清零信号，高电平有效。

图 5-36 是对图 5-35 电路的时序仿真波形。由波形可以看出，这是一个 100 进制的计数器，低位进位信号 COUNT1 逢 9 产生进位脉冲。在计数到 99 的时候，总的进位信号 COUT 输出一个周期的高电平。

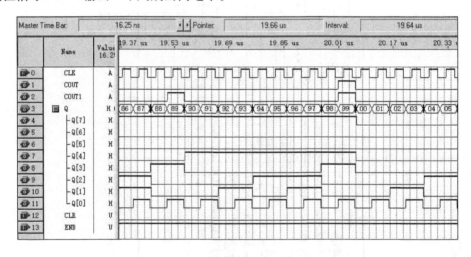

图 5-36　2 位十进制计数器电路的仿真波形

2. 消抖模块

消抖模块命名为 DEBOUNCE，电路结构如图 5-37 所示，由 4 个 D 触发器和 1 个 4 输入与门构成。电路工作时钟为 CLK，4 个 D 触发器连接成同步时序方式，即将它们的时钟端都连在一起。输入信号以移位串行方式向前传递，其信号输入端口是 KEY_IN，输出端口是 KEY_OUT。

分析此电路可以发现，其"滤波"功能的关键是这样的：当信号串入电路后，能在 KEY_OUT 端口输出脉冲信号的条件是，4 个 D 触发器的输出 Q 都同时为 1，此与门才输出高电平。由于干扰抖动信号是一群宽度狭窄的随机信号，在串入时，很难十分整齐地同时使与门输出为 1，而只有正常信号才有足够的宽度通过此电路，从而起到了"滤波"的功能。

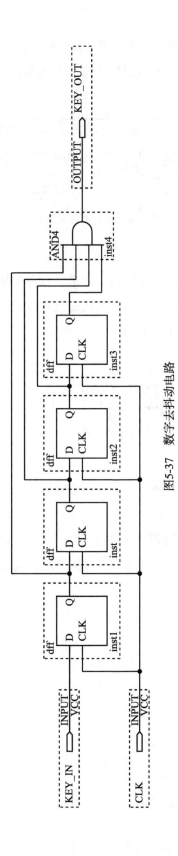

图5-37 数字去抖动电路

图 5-38 是对图 5-37 所示电路的时序仿真波形，波形显示，输出信号十分干净，已滤除了所有干扰脉冲信号。KEY_IN 的信号是模拟按键通断时的抖动信号波形，需要自行编辑。

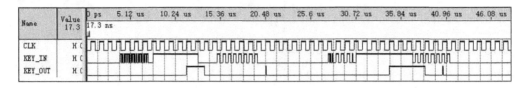

图 5-38　数字去抖动电路的仿真波形

3. 译码显示电路

为了使计数结果的变化更直观地显示出来，可以使用七段数码管。常见的七段数码管由 7 个发光二极管构成，根据公共端的连接方式，可以分为共阴极数码管和共阳极数码管，电路结构如图 5-39 所示。

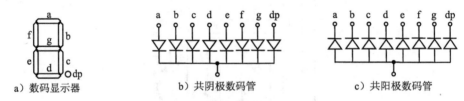

a）数码显示器　　　　b）共阴极数码管　　　　c）共阳极数码管

图 5-39　七段数码管及其电路结构

为了驱动这样的数码管，还需要设计一个译码显示电路，将 4 位二进制数译成数码管需要的显示译码信号。

译码显示电路既可以使用 74 系列的宏模块 74LS47 或 74LS48，也可以用广义译码器实现。对于共阴极数码管，基于广义译码器的实现代码如下：

```
module DCD7SG (A,LED);
    input[3:0] A;
    output[6:0] LED;
    reg[6:0] LED;
    always @(A)
        case (A)
            4'B0000 : LED <= 7'B0111111;
            4'B0001 : LED <= 7'B0000110;
            4'B0010 : LED <= 7'B1011011;
            4'B0011 : LED <= 7'B1001111;
            4'B0100 : LED <= 7'B1100110;
            4'B0101 : LED <= 7'B1101101;
            4'B0110 : LED <= 7'B1111101;
            4'B0111 : LED <= 7'B0000111;
            4'B1000 : LED <= 7'B1111111;
```

```
        4'B1001 : LED <= 7'B1101111;
        4'B1010 : LED <= 7'B1110111;
        4'B1011 : LED <= 7'B1111100;
        4'B1100 : LED <= 7'B0111001;
        4'B1101 : LED <= 7'B1011110;
        4'B1110 : LED <= 7'B1111001;
        4'B1111 : LED <= 7'B1110001;
            default : LED <= 7'B1110001;
    endcase
endmodule
```

写好代码，生成元件 DCD7SG。

4. 顶层实体设计

新建原理图文件，调用计数器模块 CNT2D、消抖模块 DEBOUNCE、译码显示模块 DCD7SG，按照图 5-40 所示连接电路。消抖模块实现去抖动功能，计数器模块是一个 2 位十进制计数器，计数器的时钟端与去抖动电路相接，译码显示模块用来将计数器的输出计数状态译成数码管显示需要的代码。

如果 CLK 信号直接来自 FPGA 的系统时钟，由于这个时钟信号频率较高，周期很短，与产生的抖动时间差别不大时，消抖效果会大打折扣，所以需要加分频电路来改善消抖的效果，分频电路如图 5-41 所示。

电路设计完成后，编译无误，即可进行引脚配置，之后编程下载到 FPGA 上进行硬件测试。硬件测试时，每按一次按键，就可以观察到计数器显示值的变化。当每按一次按键，如果计数器计数值只显示加 1，表明去抖动电路效果良好，如果计数值大于 1，表明键的抖动尚未消除。

5.4.4　实验内容

（1）用 74LS160 设计一个 2 位十进制加法计数器，用机械按键进行控制，每按一次按钮进行加 1 计算。对设计进行时序仿真，根据仿真波形分析说明各模块的电路特性，编程下载于 FPGA 中，在实验系统上进行硬件测试。

（2）用双十进制计数器 74LS390 设计一个 2 位十进制可逆计数器，用机械按键进行控制，每按一次按键进行加 1 或减 1 计算。对设计进行时序仿真，根据仿真波形分析说明各模块的电路特性，编程下载于 FPGA 中，在实验系统上进行硬件测试。

（3）设计一个 4×4 位查表式乘法器，用 4×4 矩阵键盘进行控制。对设计进行时序仿真，根据仿真波形分析说明各模块的电路特性，编程下载于 FPGA 中，在实验系统上进行硬件测试。

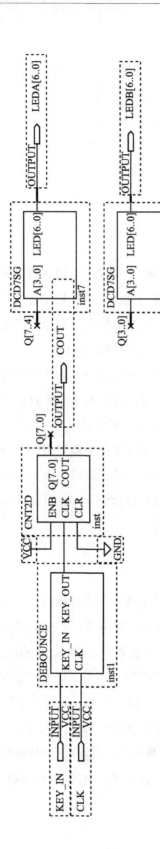

图5-40 顶层实体电路原理图

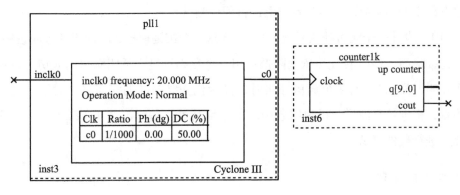

图 5-41 分频电路

（4）设计手动按键控制 8 个流水灯的电路。按键使 8 个 LED 从左到右循环依次点亮，每按一次按键，点亮的 LED 右移一个位置。对设计进行时序仿真，根据仿真波形分析说明各模块的电路特性，编程下载于 FPGA 中，在实验系统上进行硬件测试。

（5）设计手动按键控制计数器步进变化的电路，计数器的输出状态显示在七段数码管上。对设计进行时序仿真，根据仿真波形分析说明各模块的电路特性，编程下载于 FPGA 中，在实验系统上进行硬件测试。

（6）设计乒乓球游戏电路，用按键控制发球和击球，用 8 个发光二极管模拟球的运动轨迹，用数码管显示得分。对设计进行时序仿真，根据仿真波形分析说明各模块的电路特性，编程下载于 FPGA 中，在实验系统上进行硬件测试。

（7）设计一个简易键盘。用 8 个按键分别对应 1~8 这 8 个数字，当其中一个按键按下时，在数码管上显示对应的数字，直到新的按键按下；若多个按键同时按下，只响应最先按下的按键。对设计进行时序仿真，根据仿真波形分析说明电路特性，编程下载于 FPGA 中，在实验系统上进行硬件测试。

（8）设计一个密码锁，锁上有三个按键 A、B、C，当 A 或 B 单独按下，或 A、B 同时按下，或三个键同时按下时，锁能被打开。当不符合上述条件时，将使电铃发声警报，但无键按下时，不报警。用 LED 显示锁被打开，用蜂鸣器发出报警声。对设计进行时序仿真，根据仿真波形分析说明电路特性，编程下载于 FPGA 中，在实验系统上进行硬件测试。

（9）设计一个单按键调光电路，每按一次按键亮度增加一级。用 8 个 LED 模拟调光亮度等级，即每按一次按键，使 LED 从左到右依次点亮，直到 8 个全亮，最后再按一次则全灭。对设计进行时序仿真，根据仿真波形分析说明各模块的电路特性，编程下载于 FPGA 中，在实验系统上进行硬件测试。

（10）设计一个病房呼叫系统。用 1~5 这 5 个按键模拟 5 间病房的呼叫按钮，1 号优先级最高，1~5 优先级依次降低；用一个数码管显示呼叫病房的病房号，没有病房呼叫时显示 0，有多个病房呼叫时，显示优先级最高的病房号。对设计进行时序仿真，根据仿真波形分析说明各模块的电路特性，编程下载于 FPGA 中，在实验系统上进行硬件测试。

5.4.5　思考题

1. 实现按键消抖的方法有几种？分别进行简述。

2. 简述消抖效果与时钟频率的关系，通过实验验证之。

3. 从 20MHz 分频得到 1Hz 信号的方法有几种？举例说明。

4. 通常情况下，直接调用的 LPM_RAM 的输入数据口和输出数据口是分开的，如果希望获得一个含 8 位双向数据口的 LPM_RAM，如何改进？

5.5　存储器应用电路设计

5.5.1　实验目的

（1）掌握 LPM_ROM 的参数设置和使用方法。

（2）学习将数据以 mif 格式文件加载于 LPM_ROM 中。

（3）掌握 LPM_RAM 的参数设置和使用方法。

5.5.2　实验仪器与器件

本实验所需的仪器及器件如表 5-6 所示。

表 5-6　实验所需的仪器及器件

序号	仪器或器件名称	型号或规格	数量
1	逻辑实验箱		
2	PC		
3	Quartus II 软件		
4	FPGA/CPLD 开发板		
5	USB-Blaster 下载器		

5.5.3 实验原理

1. 基于 LPM_ROM 的 4 位乘法器

新建一个 Block Diagram/Schematic File 文件，在空白处双击，弹出元件库 Symbol，如图 5-42 所示。

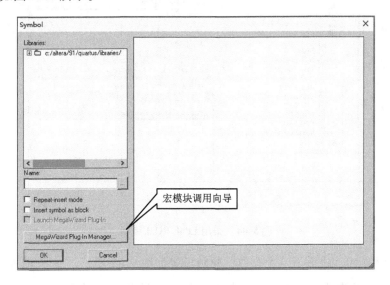

图 5-42 元件库对话框图

点击 OK 按钮上方的宏模块插入向导键，打开宏模块创建向导的第一页，如图 5-43 所示，选择第一项，创建一个新的宏模块。

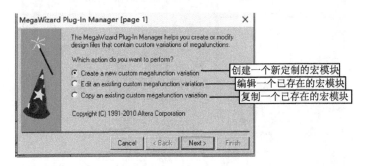

图 5-43 创建新的宏模块

点击 Next 按钮后，打开宏模块创建向导的第二页，如图 5-44 所示，在左栏选择存储器 Memory Compiler 中的单口 ROM：1-PORT，在右栏选择目标芯片系列 Cyclone III，并勾选 Verilog HDL，在路径部分键入当前所设置的元件文件名：MULT4B。

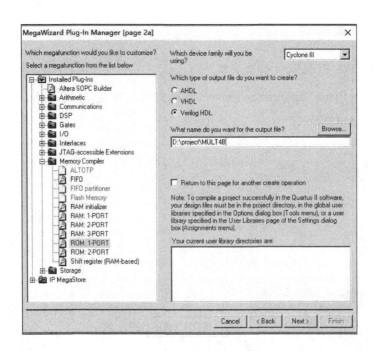

图 5-44　调用 LPM_ROM 模块

按 Next 按钮，进入下一个窗口，参数设置如图 5-45 所示。选择 ROM 的输出数据为为 8bit；存储的字数是 256，表明有 8 位地址线。在最下方选择双时钟 Dual clock。

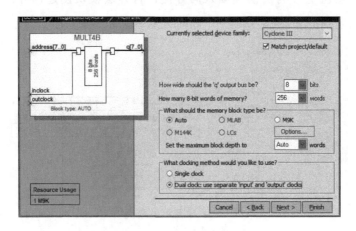

图 5-45　LPM_ROM 模块参数设置

然后按 Next 按钮，在出现的窗口中消去输出口锁存时钟控制：'q'output port，如图 5-46 所示，即地址输入仅由时钟 inclock 的上升沿锁入，数据位宽也为 8。

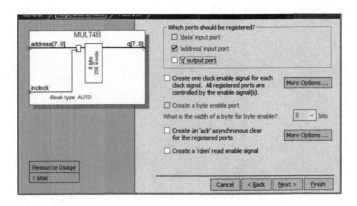

图 5-46 LPM_ROM 模块参数设置

点击 Next 按钮，进入图 5-47 所示的对话框中，为 ROM 配置乘法表数据文件。在 File name 栏选择预先编辑存放好的 ROM 配置文件 MULT_DATA. mif。选中"Allow In-System Memory..."复选框，并在 The Instance ID of this ROM is 文本框中输入 ROM1，作为此 ROM 的 ID 名称。通过这个设置，可以允许 Quartus II 通过 JTAG 口对下载于 FPGA 中的此 ROM 进行"在系统"测试和读写。

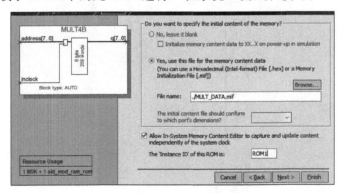

图 5-47 mif 文件配置

将设置好的 LPM_ROM 元件 MULT4B 调入当前工程的原理图编辑窗中并添加输入、输出，如图 5-48 所示。

图 5-49 是对基于 LPM_ROM 的 4 位乘法器的时序仿真波形，可以看出，在 CLK 的上升沿，将 4 位乘数和被乘数的数据当成地址数据锁入 ROM 中，而"运算"的结果以 ROM 数据端输出数据的方式输出。

2. mif 文件生成

mif 文件指存储器初始化文件，即 memory initialization file，用来配置 RAM 或 ROM 中的数据。

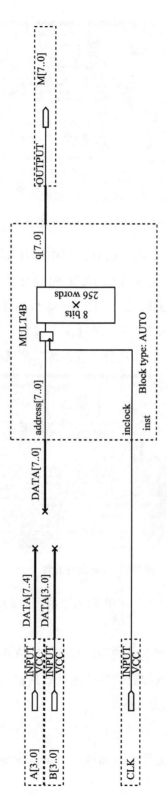

图5-48 基于LPM_ROM的乘法器电路

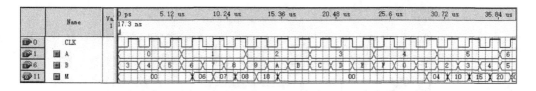

图5-49 基于 LPM_ROM 的 4 位乘法器时序仿真波形

利用 Quartus Ⅱ 自带的编辑器生成 mif 文件。打开 Quartus Ⅱ 软件，新建一个 memory initialization file 文件，弹出文本输入窗口，如图 5-50 所示。

Number of words：可寻址的存储单元数，对于 8bit 地址线，此处选择 256；Words size：存储单元宽度，8bit。点击 OK 按钮，进入如图 5-51 所示的表格界面。

在表格中输入初始化数据；右键单击左侧地址值，可以修改地址和数据的显示格式；表中任一数据的地址 = 列值 + 行值；在每个单元填写初始值之后，将文件保存。

利用 mif 编辑软件等方式生成 mif 文件。mif 格式参数文件的结构如图 5-52 所示，其中 WIDTH = 8 表示数据宽度是 8 位；DEPTH = 256 表示 ROM 深度，即 8 位数据字的个数是 256 个；HEX 表示十六进制。在 "CONTENT BEGIN" 之后写数据，数据完成后要加 "END；" 结束。

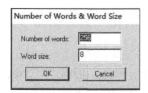

Addr	+0	+1	+2	+3	+4	+5	+6	+7
00	00	00	00	00	00	00	00	00
08	00	00	00	00	00	00	00	00
10	00	01	02	03	04	05	06	07
18	08	09	00	00	00	00	00	00
20	00	02	04	06	08	10	12	14
28	16	18	00	00	00	00	00	00

```
WIDTH = 8;
DEPTH = 256;
ADDRESS_RADIX = HEX;
DATA_RADIX = HEX;
CONTENT
         BEGIN
00 : 00;
01 : 00;
......
98 : 72;
99 : 81;
END;
```

图5-50 mif 文件设置窗口　图5-51 mif 文件初始化数据表格　图5-52 4 位乘法器 mif 配置文件

地址/数据表达方式中，冒号左边为 ROM 地址值，冒号右边为数据。如 98：72 表示 98 为地址，72 为该地址中的数据。地址高 4 位和低 4 位可以分别看成乘数和被乘数，输出的数据可以看成它们的乘积，即 $9 \times 8 = 72$。

3. LPM_RAM 的参数设置和使用方法

新建一个 Block Diagram/Schematic File 文件，按照调用 LPM_ROM 的方法调入 RAM；选择存储器 Memory Compiler 中的单口 RAM：1-PORT，在右栏选择目标芯片系列 Cyclone Ⅲ，并选择 Verilog HDL，在路径部分键入当前所设置的元件文件名，如 DATA。

点击 Next 按钮，进入如图 5-53 所示窗口。在窗口中选择数据输出总线为 8bits，存储字节数为 1024，选择时钟方式是分开的双时钟形式。在下一个窗口中，如图 5-54 所示，消去输出口锁存时钟控制：'q'output port，再增加一个时钟使能控制端 inclocken。

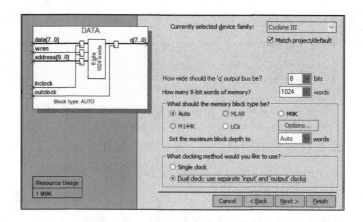

图 5-53　LPM_RAM 模块参数设置

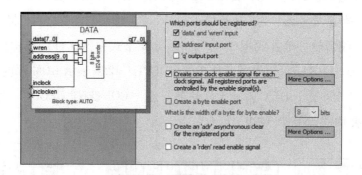

图 5-54　增加时钟使能

点击 Next 按钮，进入如图 5-55 所示窗口。在上方有两个选择，若选择"No, leave it blank"，表示对 RAM 中的内容不做安排，仅在实际使用中由电路决定；若选择"Yes…"则表示在初始化中预先放入一个数据文件（这有点像 ROM 的功能），以便系统在启动后可以直接使用。

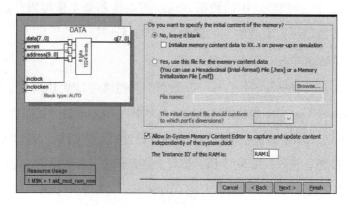

图 5-55　LPM_RAM 模块参数设置

对于"Allow In-System Memory..."复选框，可按上例的说明，勾选中，并在 The Instance ID of this ROM is 文本框中输入 RAM1。最后将此 DATA 元件调入当前工程的原理图编辑窗口，如图 5-56 所示。

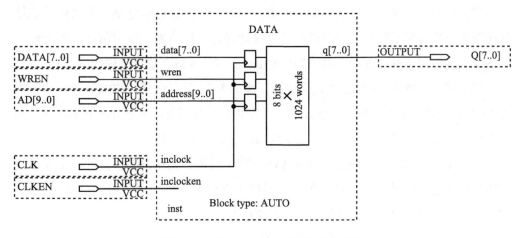

图 5-56　基于 LPM_RAM 模块的电路图

5.5.4　实验内容

（1）调用 LPM_ROM 模块，设计一个 4×4 位查表式乘法器。对设计进行时序仿真，根据仿真波形分析说明各模块的电路特性，编程下载于 FPGA 中，在实验系统上进行硬件测试。

（2）设计一个 4×4 位查表式乘法器，增加 LCD1602 模块，要求电路乘积结果在 LCD1602 上进行显示。对设计进行时序仿真，根据仿真波形分析说明各模块的电路特性，编程下载于 FPGA 中，在实验系统上进行硬件测试。

（3）设计一个 4×4 位查表式乘法器，增加串行静态显示电路，使电路乘积结果能在串行静态显示模块上实时显示。对设计进行时序仿真，根据仿真波形分析说明各模块的电路特性，编程下载于 FPGA 中，在实验系统上进行硬件测试。

（4）设计一个 4×4 位查表式乘法器，增加 VGA 显示电路，使电路乘积结果能在 VGA 显示器上实时显示。对设计进行时序仿真，根据仿真波形分析说明各模块的电路特性，编程下载于 FPGA 中，在实验系统上进行硬件测试。

（5）调用 LPM_ROM 模块，设计一个 8×8 位查表式乘法器。对设计进行时序仿真，根据仿真波形分析说明各模块的电路特性，编程下载于 FPGA 中，在实验系统上进行硬件测试。

（6）设计一个 8×8 位查表式乘法器，增加 LCD1602 模块，要求电路乘积结果在 LCD1602 上显示。对设计进行时序仿真，根据仿真波形分析说明各模块的电路特性，编程下载于 FPGA 中，在实验系统上进行硬件测试。

（7）设计一个 8×8 位查表式乘法器，增加串行静态显示电路，使电路乘积结果能在串行静态显示模块上实时显示。对设计进行时序仿真，根据仿真波形分析说明各模块的电路特性，编程下载于 FPGA 中，在实验系统上进行硬件测试。

（8）设计一个 8×8 位查表式乘法器，增加 VGA 显示电路，使电路乘积结果能在 VGA 显示器上实时显示。对设计进行时序仿真，根据仿真波形分析说明各模块的电路特性，编程下载于 FPGA 中，在实验系统上进行硬件测试。

（9）利用 LPM_RAM 模块、LPM_COUNTER 模块、锁存器等，设计一个 8 通道数据采集系统。对设计进行时序仿真，根据仿真波形分析说明各模块的电路特性，编程下载于 FPGA 中，在实验系统上进行硬件测试。

（10）利用 LPM_RAM 模块、LPM_COUNTER 模块、锁存器等，设计一个 16 通道数据采集系统。对设计进行时序仿真，根据仿真波形分析说明各模块的电路特性，编程下载于 FPGA 中，在实验系统上进行硬件测试。

5.5.5 思考题

1. ROM 和 RAM 各适用于什么场合？它们由哪几个部分组成？各有什么作用？
2. 按存取方式的不同比较 SRAM、DRAM、ROM 器件的异同点。
3. 试画出将 1024×4 位 RAM 扩展成 4096×4 位 RAM 的接线示意图。
4. 试用 SRAM 6264（8k×8 位）静态随机存储器构建一个能存储 64k 字长为 8 位的存储系统。

第6章

数字系统综合设计实验

6.1 数字频率计设计

6.1.1 工作原理

数字频率计的主要功能是测量周期信号的频率。频率是单位时间内信号发生周期变化的次数。根据频率的定义和频率测量的基本原理，数字频率计必须获得相对稳定的时钟频率信号，以及用于控制计数器进行计数的测频时序控制器。在允许的1s计数结束后，计数值锁入锁存器，并进行清零，为下一个测频计数周期做好准备。

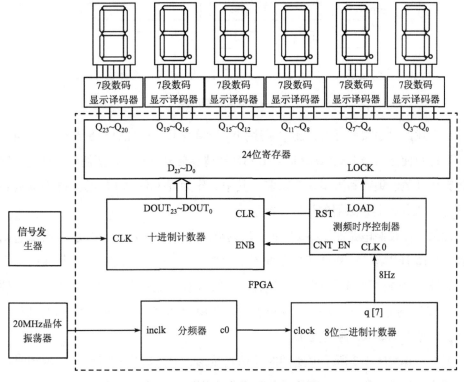

图6-1 数字频率计测频原理框图

图 6-1 是数字频率计的测频原理框图，电路包含测频时序控制器、十进制计数器、寄存器、分频器、7 段译码器和数码管 6 个模块。除数码管外，其他 5 个模块都在 FPGA 内部。分频器模块用于产生稳定的时钟频率输入信号，它由 FPGA 内的锁相环获得。测频时序控制器是频率计测频时序信号发生器。十进制计数器用于对被测信号的脉冲进行计数。寄存器用于锁存测频后需要的数据。

6.1.2 测频时序控制器设计

测频控制时序如图 6-2 所示，其中 f 是被测信号，CLK0 是分频器产生的时钟频率信号。EN 是计数使能信号，用于产生脉宽为 1s 的周期信号，并对频率计中的计数器的使能端进行同步控制。EN 为高电平时进行计数；低电平时停止计数，并保持其所计的脉冲数。在停止计数期间，锁存信号 LOAD 的上升沿将计数器在前 1s 的计数值锁存进寄存器中，并由译码显示模块显示计数值。锁存信号后，测频时序控制器的清零信号 RST 对计数器进行清零。

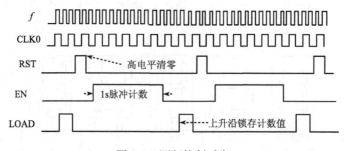

图 6-2 测频控制时序

由上述的时序关系可得，测频时序控制器模块 CTRL 的功能是产生 3 个控制信号，即计数使能信号 EN、锁存信号 LOAD 和清零信号 RST，以便使频率计能分别顺利地完成计数、锁存和清零 3 个功能。其中，作为周期信号 EN 的高电平脉宽必须持续 1s，以便控制计数器的计数使能端。

测频时序控制电路如图 6-3 所示，其内部结构电路由 3 部分组成：4 位二进制计数器、4-16 译码器 74LS154（在元件库中为 74154）和两个由双输入与非门构成的 RS 触发器。分析图 6-3 所示的电路结构可知，4 位二进制计数器 74LS93（在元件库中为 7493）的 Q[3] 引脚为 16 分频输出；当 CLK0 的输入频率为 8Hz 时，EN 输出信号的频率为 0.5Hz，脉宽为 1s。

图 6-4 是对图 6-3 所示电路的时序仿真波形，通过时序分析可知，测频时序控制器能产生计数、锁存和清零 3 个控制信号，实现频率测试的目的。

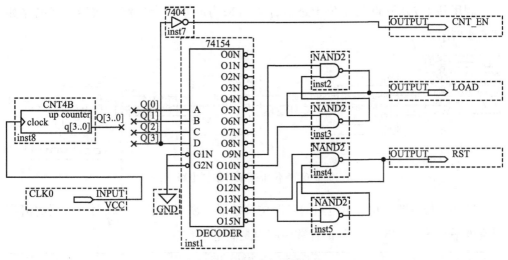

图 6-3　测频时序控制电路

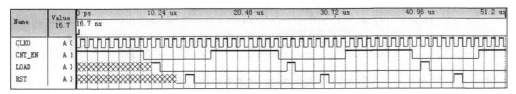

图 6-4　测频时序控制电路的仿真波形

6.1.3 十进制计数器设计

由两片同步十进制计数器 74LS160（在元件库中为 74160）构成一个 2 位十进制计数器。计数使能信号 ENB 与计数时钟信号 CLK 通过与门进入计数器 74LS160 的 CLK 端。计数使能信号 ENB 为高电平时允许计数，为低电平时禁止计数，2 位十进制计数器电路如图 6-5 所示。

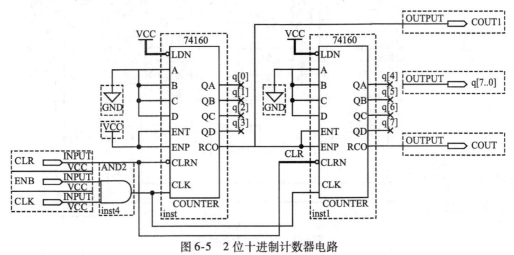

图 6-5　2 位十进制计数器电路

利用基于 74LS160 的 2 位十进制计数器来构成 6 位十进制计数器，其电路如图 6-6 所示。

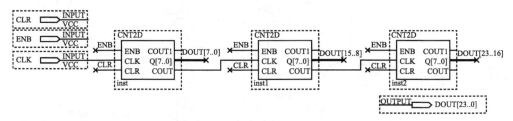

图 6-6　6 位十进制计数器电路

图 6-7 是对图 6-6 所示电路的时序仿真波形，波形显示，CLR 对计数器的清零是高电平有效，ENB 对 CLK 的计数使能也是高电平有效。

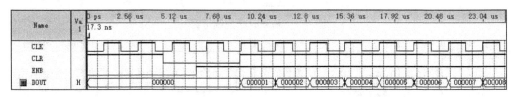

图 6-7　6 位十进制计数器电路的仿真波形

6.1.4　寄存器设计

用 3 个八进制 D 触发器 74LS374（在元件库中为 74374）构成 24 位寄存器电路，具体电路如图 6-8 所示。电路包括 24 位数据输入口 D[23..0]、24 位数据输出口 Q[23..0]，以及锁存控制信号 LOCK。

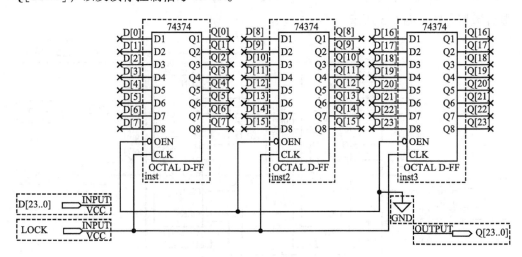

图 6-8　24 位寄存器电路

图6-9是对图6-8所示电路的时序仿真波形，波形显示，锁存控制信号 LOCK 是高电平有效。

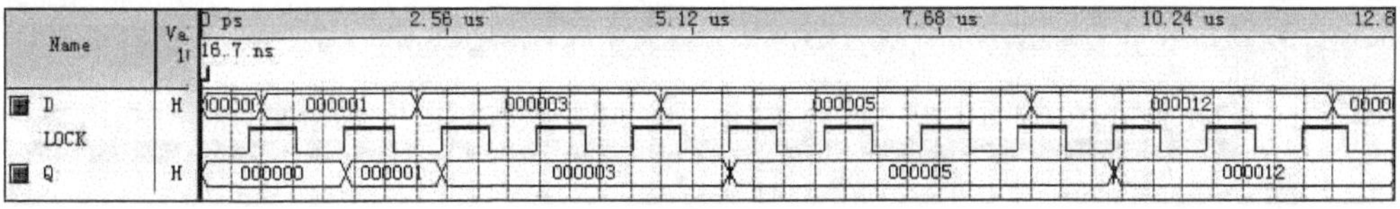

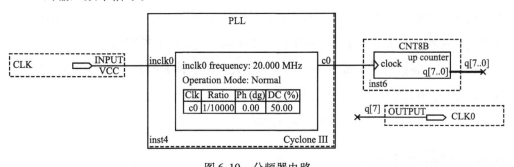

图6-9　24位寄存器电路的仿真波形

6.1.5　分频器设计

由测频时序控制器设计原理可知，控制计数器进行计数的使能信号 EN 的脉宽为1s，CLK0 的输入频率为8Hz。此频率可通过 FPGA 内的锁相环和计数器获得，电路如图6-10所示。外部时钟频率 CLK 为 20MHz，通过锁相环输出的时钟频率为 2kHz，通过8位二进制计数器 q[7] 引脚输出 8Hz 信号，并作为测频时序控制器 CLK0 的输入频率信号。

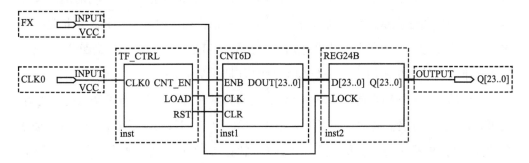

图6-10　分频器电路

6.1.6　时序仿真测试

在原理图编辑窗口中调出已经设计好的测频时序控制器、十进制计数器、寄存器3个元件，按照图6-11完成顶层电路的设计。

图6-11　频率计顶层电路原理图

对频率计顶层电路进行时序仿真，得到如图 6-12 所示的仿真波形。其中 CLK0 的周期是 800ns，被测信号 FX 前 3 段周期分别取 100ns、200ns、50ns。

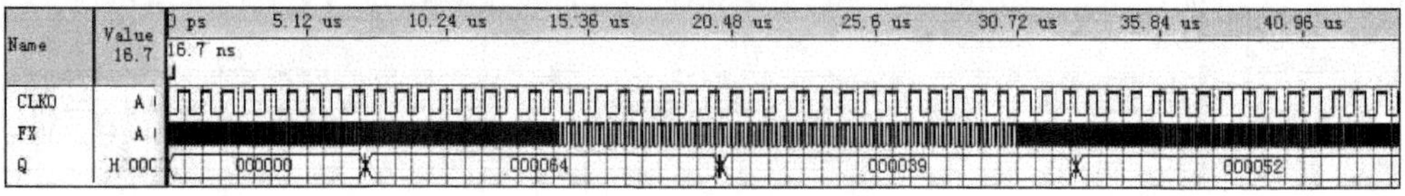

图 6-12　频率计的时序仿真波形

6.1.7　实验内容

（1）根据以上的描述完成一个 6 位十进制数字频率计设计，对设计进行时序仿真，根据仿真波形分析说明各模块的电路特性，编程下载于 FPGA 中，在实验系统上进行硬件测试。

（2）设计一个能取代上文描述的电路功能的全新测频时序控制电路，并完成一个 6 位十进制数字频率计设计，对设计进行时序仿真，根据仿真波形分析说明各模块的电路特性，编程下载于 FPGA 中，在实验系统上进行硬件测试。

（3）将上述设计扩展成一个 8 位十进制数字频率计的设计，测频范围为 1Hz ～ 100MHz。对设计进行时序仿真，根据仿真波形分析说明各模块的电路特性，编程下载于 FPGA 中，在实验系统上进行硬件测试。

6.2　简易电子琴设计

节拍是衡量节奏的单位，在音乐中，有一定强弱区别的一系列拍子每隔一定时间重复出现，时间被分成均等的基本单位。拍子的时值是以音符的时值来表示的，一拍的时值可以是四分音符（即以四分音符为一拍），也可以是二分音符（以二分音符为一拍）或八分音符（以八分音符为一拍）。拍子的时值是一个相对的时间概念，比如当乐曲的规定速度为每分钟 60 拍时，每拍占用的时间是一秒，半拍是二分之一秒；当规定速度为每分钟 120 拍时，每拍的时间是半秒，半拍就是四分之一秒，以此类推。在计算机术语中，一个 CPU 时钟周期也称为节拍。

音乐的十二平均率规定：每两个八度音之间的频率相差一倍。在两个八度音之间，又可分为十二个半音，每两个半音的频率比为 $21/12 \approx 1.12246$。另外，音名 A（简谱中的低音 6）的频率为 440Hz，音名 B 到 C 之间、E 到 F 之间为半音，其余为全音。由此可以计算出简谱中从低音 1 至高音 1 之间每个音名的频率，如图 6-13 所示。

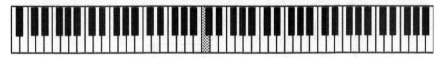

图6-13 电子琴音阶基频对照图

6.2.1 工作原理

简易电子琴电路包含琴键输入、音频输出、数码显示、分频器等模块，其顶层设计电路如图6-14所示。

琴键输入模块包括一个编码器和一个译码器，按下琴键时，产生的数据经编码器获得一个编码，它对应译码器中的一个值。这个值被置入音频输出模块中的11位可预置计数器，由于计数器的进位端与预置端、加载端相连，导致此计数器将不断以此值作为计数起始值，直至全1。

以下以预置值390H为例，来计算音频输出模块的频率值。

当以390H为计数起始值后，此计数器成为一个模（7FFH – 390H = 46FH = 1135）的计数器，即每从时钟端输入1135个脉冲，音频输出模块输出一个进位脉冲。由于输入的时钟频率是1MHz，于是音频输出模块输出的信号频率是$1/1135(\mu s)=881Hz$。

从图6-14可见，音频输出模块的输出信号经过一个由D触发器接成的T′触发器后才输出给蜂鸣器。这时信号进行了二分频，于是，预置值390H对应的蜂鸣器发音的基频F_B约等于440Hz。

图6-14中的T′触发器有两个功能：一个作用是作为二分频器；另一个作用是作为占空比均衡电路。这时，因为由音频输出模块输出的信号的脉宽极窄，功率极低，所以无法驱动蜂鸣器，但信号通过T′触发器后，脉宽就均匀了（F_B的占空比为50%）。

6.2.2 琴键输入设计

琴键输入模块中的编码器将输入的8位琴键信号进行编码，输出一个4位码，最多能对应16个音符。此编码器的真值表所对应的case语句如图6-15所示。图6-16是对编码器电路的时序仿真波形。

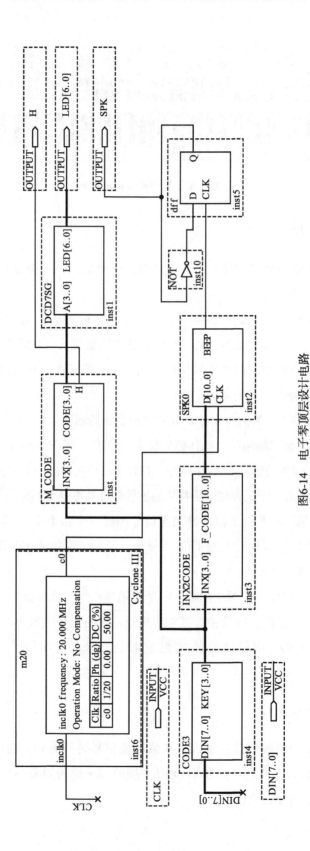

图6-14 电子琴顶层设计电路

```
module CODE3 (DIN,KEY);
  input[7:0] DIN;
  output[3:0] KEY;
  reg[3:0] KEY;
  always @(DIN)
      case (DIN)
          8'b11111110 : KEY<=4'b0001;
          8'b11111101 : KEY<=4'b0010;
          8'b11111011 : KEY<=4'b0011;
          8'b11110111 : KEY<=4'b0100;
          8'b11101111 : KEY<=4'b0101;
          8'b11011111 : KEY<=4'b0110;
          8'b10111111 : KEY<=4'b0111;
          8'b01111111 : KEY<=4'b1000;
          8'b00111111 : KEY<=4'b1001;
          8'b11111111 : KEY<=4'b0000;
              default : KEY<=4'b0001;
      endcase
endmodule
```

图 6-15　编码器的 case 语句描述

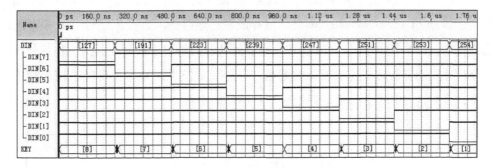

图 6-16　编码器电路的仿真波形

琴键输入模块中的译码器将由键盘输入的编码信号译码成数控分频器音频输出模块输出信号的频率控制字。译码器模块的真值表所对应的 case 语句如图 6-17 所示。图 6-18 是对译码器电路的时序仿真波形。

```
module INX2CODE (INX,F_CODE);
  input[3:0] INX;
  output[10:0] F_CODE;
  reg[10:0] F_CODE;
  always @(INX)
      case (INX)
          0  : F_CODE<=11'H7FF;
          1  : F_CODE<=11'H305;
          2  : F_CODE<=11'H390;
          3  : F_CODE<=11'H40C;
          4  : F_CODE<=11'H45C;
          5  : F_CODE<=11'H4AD;
          6  : F_CODE<=11'H50A;
          7  : F_CODE<=11'H55C;
          8  : F_CODE<=11'H582;
          9  : F_CODE<=11'H5C8;
          10 : F_CODE<=11'H606;
          11 : F_CODE<=11'H640;
          12 : F_CODE<=11'H656;
          13 : F_CODE<=11'H684;
          14 : F_CODE<=11'H69A;
          15 : F_CODE<=11'H6C0;
              default : F_CODE<=11'H6C0;
      endcase
endmodule
```

图 6-17　译码器的 case 语句描述

Name		0 ps 16.25 ns	640.0 ns	1.28 us	1.92 us	2.56 us	3.2 us	3.84 us	4.48 us	5.12 us	5.76 us	6.4 us	7.04 us
INX			1	2	3	4	5	6	7	8		0	
F_CODE			305	390	400	450	4AD	50A	55C	582		7FF	

图 6-18   译码器电路的仿真波形

6.2.3 音频输出设计

音频输出模块的内部结构如图 6-19 所示，其中的计数器 CNT11B 是一个 LPM 宏模块，这是一个 11 位二进制加法计数器。在设置其结构参数时，应该选择同步加载控制，即 sload（Synchronous Load），这样能较好地避免来自进位信号 cout 中可能的毛刺影响。图 6-19 中的 D 触发器和反相器的功能是将用于控制加载的进位信号延迟半个时钟周期，既为了滤除可能的毛刺，以免加载发生误操作，同时也使加载更为可靠，因为这时时钟上升沿正好处于加载脉冲的中点。

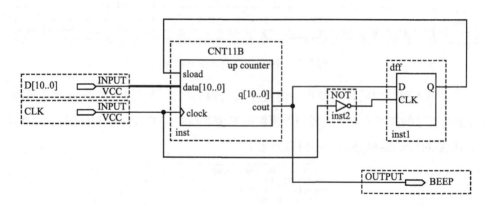

图 6-19   音频输出模块的内部电路结构

6.2.4 数码显示设计

数码显示包括两个译码模块 M_CODE 和译码模块 DCD7SG，前者是将来自琴键输入模块的键盘编码译成简谱码和对应的音调高低值 H，后者是一个 7 段数码显示译码器，将简谱码译成数码管的显示信号。M_CODE 和 DCD7SG 所对应的 case 语句程序分别如图 6-20 和 6-21 所示。图 6-22 和图 6-23 分别是 M_CODE 模块和 DCD7SG 模块电路的仿真波形。

```
module M_CODE (INX,CODE,H);
  input[3:0] INX;
  output[3:0] CODE;
  output H;
  reg[3:0] CODE;
  reg H;
  always @(INX)
    case (INX)
       0  : {CODE,H}<={4'B0000,1'B0};
       1  : {CODE,H}<={4'B0001,1'B0};
       2  : {CODE,H}<={4'B0010,1'B0};
       3  : {CODE,H}<={4'B0011,1'B0};
       4  : {CODE,H}<={4'B0100,1'B0};
       5  : {CODE,H}<={4'B0101,1'B0};
       6  : {CODE,H}<={4'B0110,1'B0};
       7  : {CODE,H}<={4'B0111,1'B0};
       8  : {CODE,H}<={4'B0001,1'B1};
       9  : {CODE,H}<={4'B0010,1'B1};
      10  : {CODE,H}<={4'B0011,1'B1};
      11  : {CODE,H}<={4'B0100,1'B1};
      12  : {CODE,H}<={4'B0101,1'B1};
      13  : {CODE,H}<={4'B0110,1'B1};
      14  : {CODE,H}<={4'B0111,1'B1};
      15  : {CODE,H}<={4'B0001,1'B1};
      default : {CODE,H}<={4'B0001,1'B1};
    endcase
endmodule
```

图 6-20 M_CODE 模块的 case 语句描述

```
module DCD7SG (A,LED);
  input[3:0] A;
  output[6:0] LED;
  reg[6:0] LED;
  always @(A)
    case (A)
      4'B0000 : LED <= 7'B0111111;
      4'B0001 : LED <= 7'B0000110;
      4'B0010 : LED <= 7'B1011011;
      4'B0011 : LED <= 7'B1001111;
      4'B0100 : LED <= 7'B1100110;
      4'B0101 : LED <= 7'B1101101;
      4'B0110 : LED <= 7'B1111101;
      4'B0111 : LED <= 7'B0000111;
      4'B1000 : LED <= 7'B1111111;
      4'B1001 : LED <= 7'B1101111;
      4'B1010 : LED <= 7'B1110111;
      4'B1011 : LED <= 7'B1111100;
      4'B1100 : LED <= 7'B0111001;
      4'B1101 : LED <= 7'B1011110;
      4'B1110 : LED <= 7'B1111001;
      4'B1111 : LED <= 7'B1110001;
      default : LED <= 7'B1110001;
    endcase
endmodule
```

图 6-21 DCD7SG 模块的 case 语句描述

图 6-22 M_CODE 模块电路的仿真波形

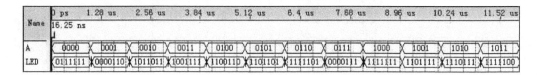

图 6-23   DCD7SG 模块电路的仿真波形

6.2.5   分频器设计

简易电子琴的工作时钟频率为 1MHz，用于在主控模块中产生与琴键对应的振荡频率，以驱动蜂鸣器发出相应的声音，此频率通过 FPGA 内的锁相环获得，电路如图 6-24 所示。外部时钟频率 CLK 为 20MHz，通过锁相环输出的时钟频率为 1MHz。

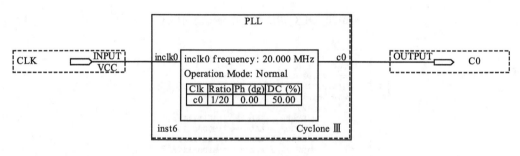

图 6-24   分频器电路

6.2.6   实验内容

（1）根据以上的讨论完成电子琴设计，对设计进行时序仿真，根据仿真波形分析说明各模块的电路特性，编程下载于 FPGA 中，在实验系统上进行硬件测试。

（2）用 4×4 矩阵键盘或 PS2 接口的普通计算机键盘作为琴键，查阅相关资料，设计一些辅助电路，完成电子琴的设计，编程下载于 FPGA 中，在实验系统上进行硬件测试。

（3）对上述设计功能做一些扩充，包括增加乐曲演奏功能等。

（4）为此电子琴模型增加一个 VGA 显示控制模块，使得在弹奏时，VGA 显示器能同时显示琴键的变动，五线谱音符的跳动等。

（5）在上述基础上增加录音功能，以对弹奏的音符进行存储和播放，完成设计，编程下载于 FPGA 中，在实验系统上进行硬件测试。

6.3 数字电压表设计

数字电压表是采用数字化测量技术，把连续的模拟量（直流或交流输入电压）转换成离散的数字形式并加以显示的仪表；数字式电压表具有精度高、灵敏度高、测量速度快等特点，从而备受青睐。数字电压表系统由 A/D 转换器、FPGA 控制电路和显示电路 3 部分构成。A/D 转换器主要负责将模拟信号转换为数字信号，送入 FPGA 控制电路处理；FPGA 控制电路用于启动 A/D 转换器、接收 A/D 转换器传递过来的数字转换值，将接收到的转换值调整成对应的数字信号；显示电路将数据处理模块输出的 BCD 码译成相应 7 段数码驱动值，使模拟电压值在数码管上显示。工作时，系统按一定的速率采集输入的模拟电压，数字电压表结构框图如图 6-25 所示。其中，A/D 转换器使用 ADC0809，被测电压通过一个电位器进入 ADC0809 的 IN0 端。ADC0809 对此电位器输出的电压值进行采样的行为受控于 FPGA 中的状态机。ADC0809 采样变换后的 8 位数据进入 FPGA 中，但考虑到 ADC0809 的工作电压是 +5V，而 FPGA 的 I/O 端口电压是 3.3V，所以，ADC0809 输入 FPGA 的 8 位数据线都必须分别串接 300Ω 左右的限流电阻。状态机的工作时钟来自内部锁相环，频率为 3MHz。状态机的输出信号 LOCK 控制一个 8 位寄存器，以锁存来自 ADC0809 变换好的数据。这个数据通过一个计算查表 LPM_ROM 将寄存器中的数据折算为电压值。

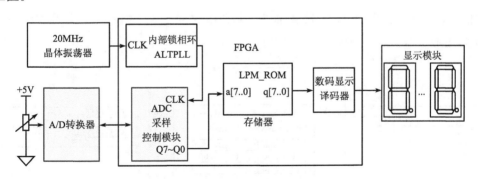

图 6-25　数字电压表结构框图

6.3.1 工作原理

图 6-26 是数字电压表 FPGA 控制电路的原理图，电路包含分频器、采样控制状态机和存储器 3 个模块。分配器采用内部锁相环进行设计，为采样控制状态机和 A/D 转换器提供工作时钟；存储器模块负责将寄存器中的数据折算为电压值。

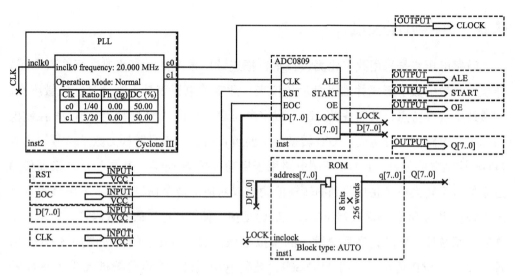

图 6-26　数字电压表 FPGA 控制电路

6.3.2　分频器设计

　　Cyclone III 系列的 FPGA 中含有高性能的嵌入式模拟锁相环，此锁相环可以与一个输入的时钟信号同步，并以其作为参考信号实现锁相，从而输出一至多个同步倍频或分频的片内时钟，以供逻辑系统使用。数字电压表的分频器设计采用 FPGA 内的锁相环，如图 6-27 所示。接锁相环的外部时钟频率是 20MHz；锁相环输出两个时钟信号，为状态机和 A/D 转换器提供工作时钟，其时钟频率分别为 3MHz 和 500kHz。

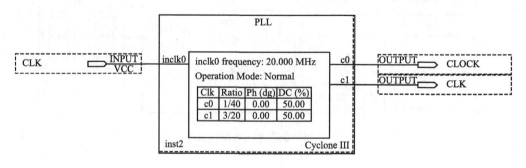

图 6-27　分频器电路

6.3.3　采样控制状态机设计

　　数字电压表中 A/D 转换器模块选用 ADC0809 芯片，ADC0809 的工作时序如

图 6-28 所示。根据时序图，ADC0809 完整的采样转换工作过程归纳为如下 4 步：

（1）当模拟量送入通道 IN_0（或 IN_i）后，控制电路将标志该通道编码的 ADDC、ADDB、ADDA 地址信号输入地址寄存器，由地址锁存 ALE 锁存这三位地址信号。

（2）启动转换命令 START 产生一个上升脉冲后，以启动 A/D 转换。

（3）启动转换开始后，以及在转换过程中，EOC 变低电平；转换结束后，EOC 变为高电平。EOC 可作为计算机的中断请求信号，或作为其转换控制状态机的状态译码器的输入控制信号，即由 EOC 决定状态机下一状态的转向。

（4）转换结束后，由控制电路向 ADC0809 的 OE 输出高电平，即打开三态缓冲器把转换好的结果 $D_7 \sim D_0$ 输出。至此，一次 A/D 转换便完成了。

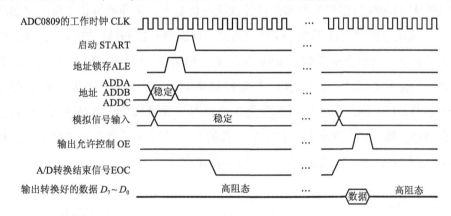

图 6-28　ADC0809 工作时序

ADC0809 采样控制状态图如图 6-29 所示。采用控制状态变换过程如下：

（1）首先在初始态 $S0$ 对 ADC0809 进行初始化，然后无条件地进入状态 $S1$。

（2）在状态 $S1$ 中将模拟信号通道地址锁入寄存器，即在此状态使 ALE 产生一个上升沿。这里设（ADDC，ADDB，ADDA）=000，即选择模拟信号通道是 IN0。

（3）在状态 $S2$ 启动转换（START = 1），之后进入 $S3$ 状态。

（4）在状态 $S3$，测试 EOC 是否为 1。如果为 1，说明 ADC0809 尚未启动转换，下一状态仍旧留在 $S3$ 等待，否则（EOC = 0）说明已经启动转换，下一状态进入 $S4$。

（5）在状态 $S4$，测试 EOC 是否为 0。如果为 0，表明尚未转换结束，下一状态仍留在 $S4$，继续等待；否则（EOC = 1），转换结束，下一状态转 $S5$。

（6）在状态 $S5$，A/D 转换好的数据已经进入输出端口，使 OE = 1，打开数据端口。

（7）在上一状态输出的数据已有了一个稳定期，而在状态 $S6$，仍然使 OE = 1，并产生一个数据锁存信号上升沿（LOCK = 1），将转换好的数据存入寄存器中；进入状态 $S7$，准备返回初始态 $S0$。

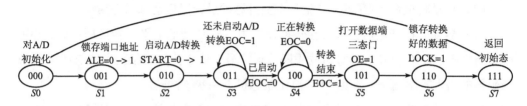

图 6-29　ADC0809 采样控制状态图

根据 ADC0809 的接口特性和采样控制状态机要求，采样控制状态机电路如图 6-30 所示，该电路由状态译码器、控制译码器、状态寄存器和锁存器构成。AD_SDCD 是状态译码器，它根据现态状态编码 C[2..0] 和来自 ADC0809 的 A/D 转换状态信息 EOC，决定状态的走向；AD_CDCD 是控制译码器，负责向 ADC0809 输出控制信号 ALE、START、OE、LOCK；DFF3 是 3 个 D 触发器组成的状态寄存器，或者称为状态驱动器，属于纯时序电路。这个状态机的驱动时钟（或称为工作时钟）是接在 DFF3 模块 CLK 端的，它决定了状态机的工作速度。

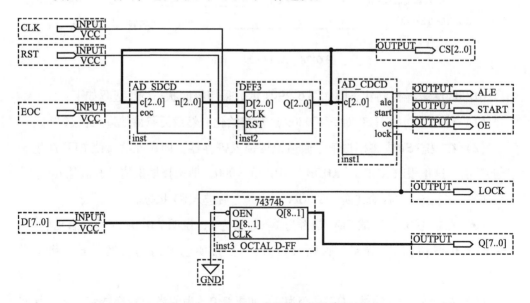

图 6-30　ADC0809 采样状态机控制电路

AD_SDCD 和 AD_CDCD 模块的 Verilog HDL 表述分别如图 6-31 和图 6-32 所示。

其中 AD_SDCD 输出的数据 N[2..0] 是次态状态码，输入的数据 C[2..0] 是现态状态码。AD_CDCD 输出的 LOCK 控制寄存器 74LS374（在元件库中为 74374）负责锁存 ADC0809 采样获得的数据，它的输入口 D[7..0] 直接与 ADC0809 的数据口相接。

```verilog
module AD_SDCD (c,n,eoc);
 input [2:0] c;
 input eoc;
 output [2:0] n;
 reg [2:0] n;
always @ (c or eoc) begin
case (c)
 3'b000 : n<=3'b001;
 3'b001 : n<=3'b010;
 3'b010 : n<=3'b011;
 3'b011 : if(eoc==1'b0) n<=3'b100; else n<=3'b011;
 3'b100 : if(eoc==1'b1) n<=3'b101; else n<=3'b100;
 3'b101 : n<=3'b110;
 3'b110 : n<=3'b111;
 3'b111 : n<=3'b000;
 default : n<=3'b000;
 endcase
 end
 endmodule
```

图 6-31　状态译码器 AD_SDCD 的描述

```verilog
module AD_CDCD (c,ale,start,oe,lock);
 input [2:0] c;
 output ale,start,oe,lock;
 reg ale,start,oe,lock;
always @ (c) begin
case (c)
 3'b000 : {ale,start,oe,lock}<=4'b0000;
 3'b001 : {ale,start,oe,lock}<=4'b1000;
 3'b010 : {ale,start,oe,lock}<=4'b1100;
 3'b011 : {ale,start,oe,lock}<=4'b1000;
 3'b100 : {ale,start,oe,lock}<=4'b0000;
 3'b101 : {ale,start,oe,lock}<=4'b0010;
 3'b110 : {ale,start,oe,lock}<=4'b0011;
 3'b111 : {ale,start,oe,lock}<=4'b0000;
 default : {ale,start,oe,lock}<=4'b0000;
 endcase
 end
 endmodule
```

图 6-32　控制译码器 AD_CDCD 的描述

锁存器模块由 8 进制 D 触发器 74LS374 构成，电路如图 6-33 所示。电路包括 8 位数据输入口 D[7..0]、8 位数据输出口 Q[7..0] 和锁存控制信号 LOCK。

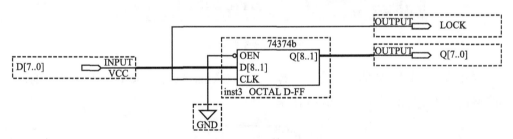

图 6-33　8 位锁存器电路

图 6-34 是对 ADC0809 采样状态机控制电路的时序仿真波形，其中 CS 是现状态指示。为了稳定 ADC0809 的输出数据，直到进入状态 S6 后，才安排 LOCK 出现一个上升沿，将 ADC0809 数据口的数据 AC 锁入 74LS374 中。

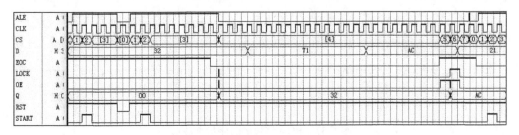

图 6-34　ADC0809 采样状态机的工作时序

6.3.4 存储器设计

存储器模块 ROM 是一个译码器，它将来自采样状态机寄存器中的编码信号译码成电压值。为了节省逻辑资源，用一个 LPM_ROM 来替代该译码器，存储器参数设计如图 6-35 所示。

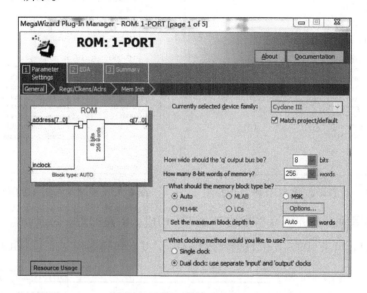

图 6-35 存储器参数设置界面

存储器 LPM_ROM 的数据宽度选择 8 位，数据深度选择 256 位，对应 8 位地址；mif 格式参数文件的结构如图 6-36 所示。

```
WIDTH=8;
DEPTH=256;
ADDRESS_RADIX=HEX;
DATA_RADIX=HEX;
CONTENT BEGIN
00:00;
 ……
FF:50;
END;
```

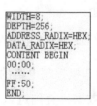

图 6-36 电压值预置数 mif 配置文件

图 6-37 是对 ROM 模块的时序仿真波形，由此波形可以清楚地了解寄存器中的编码相对应的电压值。

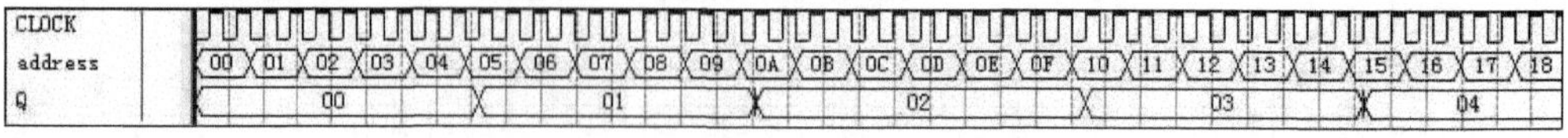

图 6-37 ROM 模块的时序仿真波形

6.3.5　实验内容

（1）完成简易数字电压表设计，显示分辨率为 0.1V，采用并行输出 ADC。对设计模块进行时序仿真，根据仿真波形分析说明各模块的电路特性，编程下载于 FPGA 中，在实验系统上进行硬件测试。

（2）增加 LCD1602 液晶显示模块，重新完成数字电压表的设计，测试电压范围为 0～5V，精度为 1/256。对设计进行时序仿真，根据仿真波形分析说明各模块的电路特性，编程下载于 FPGA 中，在实验系统上进行硬件测试。

（3）将 A/D 转换器换成 10 位或 16 位精度，采用串行输出 A/D 转换器（如 MAXIM187/189、ADS1100、ADS7816、TLV2541、TLV1572 等）。重新设计控制 A/D 转换器的状态机，完成数字电压表的设计。

6.4　DDS 信号发生器设计

DDS（Direct Digital Synthesizer，即直接数字合成器）是近年来发展起来的一种新型的频率合成技术，具有较高的频率分辨率，可以实现快速的频率切换，并且在改变时能够保持相位的连续，很容易实现频率、相位和幅度的数控调制。DDS 能够与计算机技术紧密结合在一起，这克服了模拟频率合成和锁相频率合成等传统频率合成技术的电路复杂、设备体积较大、成本较高的不足，因此它是一种很有发展前途的频率合成技术。数字频率合成器作为一种信号产生装置已经越来越受到人们的重视，它可以根据用户的要求产生相应的波形，具有重复性好、实时性强等优点，已经逐步取代了传统的函数发生器。

6.4.1　工作原理

传统的生成正弦波的数字方法如图 6-38 所示，即利用 ROM 和 DAC，再加上地址发生计数器和寄存器即可。在 ROM 中，每个地址对应的单元中的内容（数据）都相应于正弦波的离散采样值，ROM 中必须包含完整的正弦波采样值，而且还要注意避免在按地址读取 ROM 内容时可能引起的不连续点，避免量化噪声集中于基频的谐波上。

当时钟频率 f_{clk} 输入地址发生计数器、地址计数器所选中的 ROM 地址的内容被锁入寄存器时，寄存器的输出经 D/A 转换器恢复成连续信号，即由各个台阶重构的正弦波；若相位精度 n 比较大，则重构的正弦波经适当平滑后（通过滤波）的失真比较小。当 f_{clk} 发生改变后，则 D/A 转换器输出的正弦波频率就随之改变，但输出频率的改变仅决定于 f_{clk} 的改变。

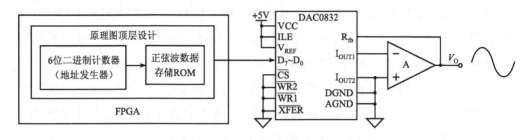

图 6-38　传统的正弦信号发生器的结构

为了更方便地控制输出频率，可以采用相位累加器，使输出频率正比于时钟频率和相位增量之积。图 6-39 采用了相位累加方法的直接数字合成系统，把正弦波在相位上的精度定为 n 位，于是分辨率相当于 $1/2^n$。用时钟频率 f_{clk} 依次读取数字相位圆周上的各点，这里，数的字值作为地址，读出相应的 ROM 中的值（正弦波的幅度），然后经 D/A 转换器重构正弦波。这里比图 6-38 的简单系统多用了一个相位累加器，它的作用是在读取数字相位圆周上各点时可以每隔 FWD 个点读一个数值，FWD 即为图 6-40 中的频率字，这样，D/A 转换器输出的正弦波频率 f_{sin} 就等于"基频" $f_{clk}/2^n$ 的 FWD 倍，即 D/A 转换器输出的正弦波的频率满足：

$$f_{sin} = \text{FWD}(f_{clk}/2^n) \tag{6-1}$$

式中，f_{clk} 是 DDS 系统的工作时钟，即图 6-39 中的寄存器系统时钟。通常，式（6-1）的 n 可取值 24～32。由图 6-40 可知，其相位分辨率至少是 1/16777216，相当于 2.146×10^{-5} 度。相位增量值可预置。通过相位累加器，选取 ROM 的地址时，可以间隔选通。

图 6-39 中的 m 通常是 10～16 位，是为了减少 ROM 的容量。这里，若 DAC 的位数为 m 位，则所用 ROM 的字长也为 m。m 是对 n 的截断获得的，是取 n 位的最高 m 位。

在如图 6-39 所示的 DDS 基本组成结构中，f_{clk} 来自高稳定性晶振或由锁相环提供，用于保证 DDS 中各种部件同步工作。DDS 核心的相位累加器由一个 n 位字长的二进制加法器和一个由时钟 f_{clk} 取样的 n 位寄存器（寄存器 2）组成的，作用是对频率控制字 FWD 进行线性累加；正弦波数据存储器所对应的是一张函数波形查询表，对应不同的相位码址，输出不同的幅度编码。

对于图 6-39 所示的 DDS，当相位控制字 PWD 为 0 时，相位累加器输出的序列对波形存储器寻址，得到一系列离散的幅度编码。该幅度编码经 D/A 转换后得到对应的阶梯波，最后经低通滤波器（高频情况下无需专门的滤波电路，可通过电路本身的分布阻容进行滤波）平滑后可得到所需的模拟波形。相位累加器在基准时钟的作用下，进行线性相位累加，当相位累加器加满时就会产生一次溢出，这样就完成了一个周期，这个周期也就是 DDS 信号的一个频率周期。

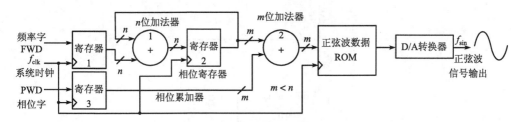

图 6-39 DDS 基本组成结构

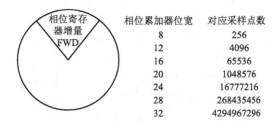

图 6-40 相位累加器的位宽与采样点的关系

6.4.2 DDS 信号发生器的设计

根据 DDS 信号发生器的原理，设计如图 6-41 所示的 DDS 正弦波形信号发生器电路图，其包括 32 位加法器 ADDERS32B、32 位寄存器 DFF32 和正弦波形数据存储器 SIN_DATA 3 个模块。

1. 加法器设计

加法器由 LPM 的加/减算术模块 LPM_ADD_SUB 构成，设置了流水线结构，这使其在时钟控制下有更高的运算速度和输入数据稳定性。加法器 ADDERS32B 的参数设置界面如图 6-42 所示。

2. 寄存器设计

寄存器由 LPM_FF 宏模块构成，与加法器 ADDERS32B 组成一个 32 位相位累加器。其中高 10 位 PA[31..22] 作为波形数据存储器的地址。寄存器 DFF32 的参数设置界面如图 6-43 所示。

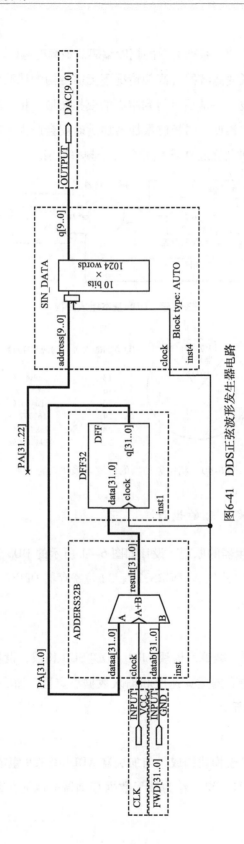

图6-41　DDS正弦波形发生器电路

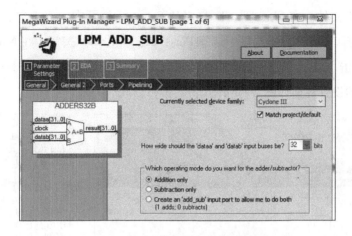

图 6-42 ADDERS32B 参数设置界面

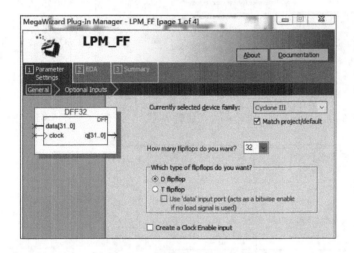

图 6-43 寄存器参数设置界面

3. 波形数据存储器设计

波形数据存储器由 LPM 的 ROM：1-PORT 构成，正弦波形数据 ROM 模块 SIN_ROM 的地址线位宽是 10 位，数据线位宽是 8 位，即其中一个周期的正弦波离散采样数据有 1024 个，每个数据有 10 位，输出的高 8 位接 D/A 转换器 DAC0832 数据输入端。波形数据存储器的参数设置界面如图 6-44 所示。

波形数据存储器 ROM 的数据宽度选择 10 位，数据深度选择 1024 位，对应 10 位地址；mif 格式参数文件的结构如图 6-45 所示。

4. 嵌入式逻辑分析仪

新建 SignalTap II Logic Analyzer 文件，在 Hardward 中添加 USB-Blaster 硬件，并

加载 DDS. sof 文件。在 SignalTap II 窗口的 Setup 标签页中，双击空白区域，打开 Node Finder 窗口，在 Filter 选项中选择 Pins：all，点击 List 按钮，在 Name 区域中选中 DAC 并单击"＞"按钮，把要观察的开关节点添加到 Selected Nodes 中。嵌入式逻辑分析仪的设置界面如图 6-46 所示。

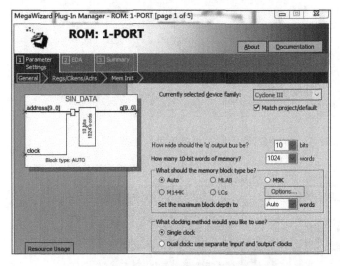

图 6-44　波形数据存储器的参数设置界面

```
DEPTH = 1024;
WIDTH = 10;
ADDRESS_RADIX = HEX;
DATA_RADIX = HEX;
CONTENT
          BEGIN
0000 : 0200;
0001 : 0203;
0002 : 0206;
0003 : 0209;
0004 : 020C;
0005 : 020F;
......（略去部分数据）
03FB : 01F0;
03FC : 01F3;
03FD : 01F6;
03FE : 01F9;
03FF : 01FC;
END
```

图 6-45　正弦波数据文件

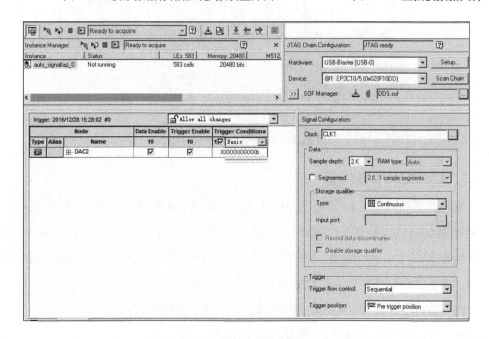

图 6-46　嵌入式逻辑分析仪的设置界面

在 Signal Configuration 中设置合适的采样深度和触发类型，点击 Autorun Analysis 按

钮。通过嵌入式逻辑分析仪对数据进行采样和监控，FPGA 的输出波形如图 6-47 所示。

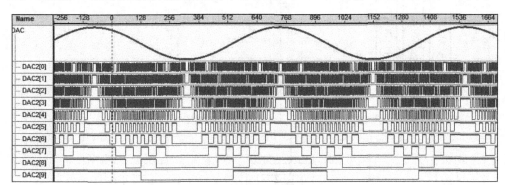

图 6-47 嵌入式逻辑分析仪测试的 FPGA 输出波形

6.4.3 李萨如图信号发生器的设计

李萨如图是两个沿着互相垂直方向的正弦振动合成的轨迹，其核心结构是 DDS 信号发生器。若两个相互垂直的简谐振动的频率为任意值，其合成的运动相对复杂，且运动轨迹不稳定，当两个振动的频率成简单的整数比时，其合成的运动是一个稳定、封闭的曲线图形，即李萨如图形。

1. DDS 信号发生器设计

利用 32 位加法器、32 位寄存器和正弦波形数据存储器构成 DDS 信号发生器，并将其转化为 DDS 元件模块，具体设计过程参考 6.4.2 节。

2. 采样控制状态机设计

根据 ADC0809 的接口特性和控制状态机要求，利用状态译码器、控制译码器、状态寄存器构成 ADC 采样控制电路，并将其转化为 ADC 采样控制电路元件模块，具体设计过程参考 6.3.3 节。

3. 分频器设计

李萨如图信号发生器的分频器设计采用 FPGA 内的锁相环，接锁相环的外部时钟频率是 20MHz。锁相环输出三个时钟信号，为 DDS 信号发生器、采样控制状态机和 A/D 转换器提供工作时钟，其时钟频率分别为 4MHz、3MHz 和 500kHz。

4. 顶层电路设计

调用内部锁相环、DDS 元件模块和 ADC 采样控制模块构成李萨如图信号发生器，其顶层设计电路如图 6-48 所示。

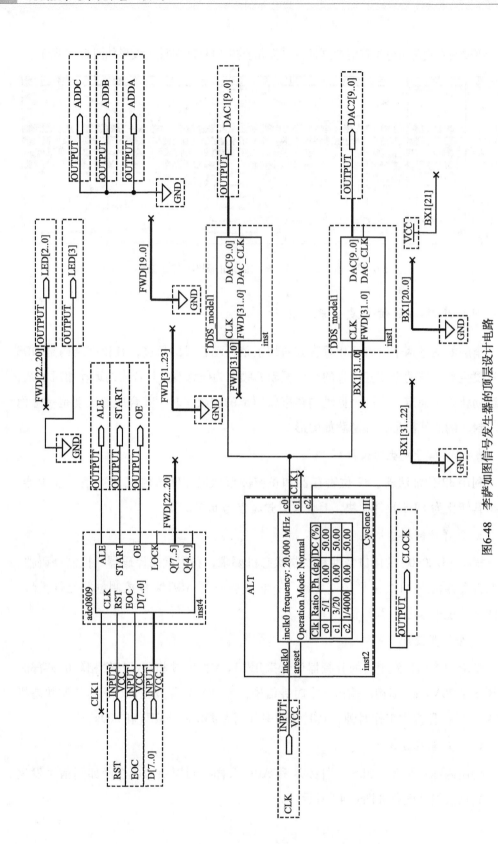

图6-48 李萨如图信号发生器的顶层设计电路

6.4.4　实验内容

（1）利用附录 mif 生成软件生成 10 位二进制数的正弦信号波形数据，它有 1024 个点，按照以上的讨论，设计 DDS 信号发生器，给出时序分析结果，再编程下载于 FPGA 中，在实验系统上进行硬件测试。

（2）设计一个任意波形信号发生器，以输出正弦波、三角波、方波、锯齿波等波形，再编程下载于 FPGA 中，在实验系统上进行硬件测试。

（3）对上述任意波形信号发生器功能进行扩展，增加一个 VGA 显示控制模块，使得 VGA 显示器能显示信号输出的波形图案。

（4）设计一个李萨如图信号发生器。要求 ADC0809 模块上的滑动变阻器或键盘能为 FPGA 中的两个独立的 DDS 模块分别输入频率字，还能显示如图 6-49 所示的各种频率和相位成简单整数比的李萨如图形；两路 DAC 可使用 DAC0832。

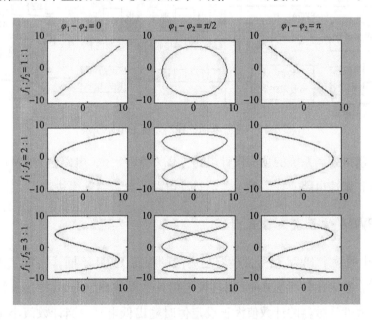

图 6-49　各种频率和相位成简单整数比的李萨如图形

6.5　直流电动机闭环控制系统设计

6.5.1　工作原理

图 6-50 所示的是一个直流电动机控制系统模块图，系统包括 PWM 信号发生器、

频率计、消抖动电路、直流电动机、电动机驱动电路、按键输入电路、显示电路、红外发光及接收管。直流电动机的转速由一对红外发光管和接收管担任,红外接收管只有当转盘上的小孔旋转到顶部位置时,才能接收到发光管发出的红外光线,从而在电路上输出一个脉冲。由于红外传感器接收到的信号里含有大量随机毛刺信号,其输出信号必须通过消抖动模块进行滤波。消抖动后的信号包含了电动机的转速信息,此信号将通过频率计的测试,获得电动机的转速。

当直流电动机通以高电平时,直流电动机就会转动,由于无法通过改变电流的大小来改变直流电动机的功率,故采用调节电动机输入信号的占空比来实现,在极短的时间内高低电平交替输入,达到控制电动机平均功率的目的。由键盘输入的预设的转速用于控制 PWM 信号发生模块输出信号的占空比,从而使电动机的转速始终跟踪上预设的转速。

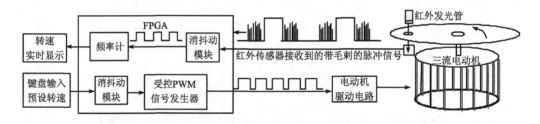

图 6-50　直流电动机控制系统的电路模块

直流电动机控制系统的顶层设计电路如图 6-51 所示,电路包含 PWM 信号发生器、频率计、调速电路、译码显示、消抖动电路、分频器等模块。

6.5.2　PWM 信号发生器设计

FPGA 中的数字 PWM 信号发生器与一般的模拟 PWM 不同,用数字比较器代替模拟比较器,数字比较器的 dataa 端接设定值计数器输出,datab 端接线性递增计数器输出。当线性计数器的计数值大于设定值时输出低电平,当计数值小于设定值时输出高电平。与模拟 PWM 信号发生器相比,省去了外接 D/A 转换器和模拟比较器,电路更加简单且便于控制。PWM 信号发生器电路如图 6-52 所示,模块 CNT8B 是一个 8 位加法计数器,模块 COMP 则是一个 8 位比较器。

8 位比较器由 LPM 的比较模块 LPM_COMPARE 构成,8 位比较器 COMP 模块的参数设置界面如图 6-53 所示。

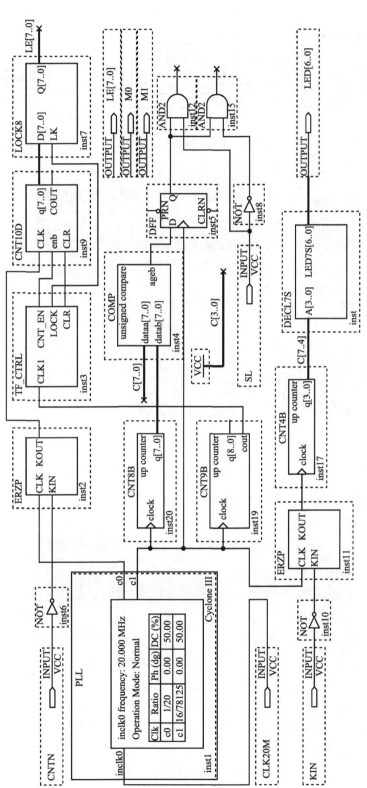

图6-51 直流电动机控制系统的顶层设计电路

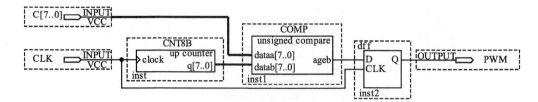

图 6-52 PWM 信号发生器电路

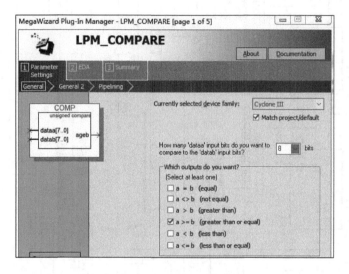

图 6-53 比较器参数设置界面

8 位二进制计数器由 LPM 的计数模块 LPM_COUNTER 构成，8 位二进制计数器 CNT8 模块的参数设置界面如图 6-54 所示。

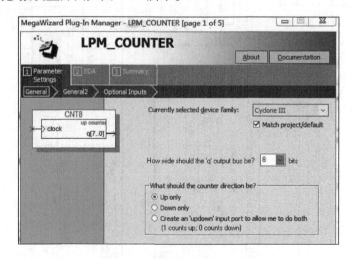

图 6-54 计数器参数设置界面

图 6-55 所示的波形演示了控制输出的方波占空比的原理。上方的锯齿波是一个 8 位计数器的输出波形，最大值是 255。比较器的 dataa 端输入的常数 $C=90$ 时，当计数器 CNT8 输出的值小于 90 时，比较器输出较窄脉宽的方波信号，而当进入比较器的预置常数 $C=180$ 时，比较器输出了更大占空比的信号，其脉宽是 $C=90$ 时的一倍。显然，比较器输出方波的脉宽与端口所置的常数大小成正比，即占空比越大，PWM 传输给电动机的平均功率也就越大。而通过改变比较器 dataa 端的来自外部的输入数据，就能容易地改变输出的 PWM 的脉宽。

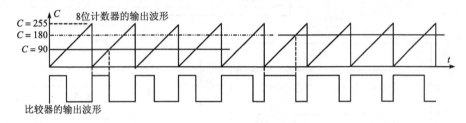

图 6-55 PWM 信号生成原理

6.5.3 电动机正反转控制电路设计

电动机正反转控制电路由两个二输入与门和一个反相器组成，通过按键 SL 进行切换，其控制电路如图 6-56 所示。M0 输出端接电动机模块的正向输入端，控制电动机的正向转动速度。M1 输出端接电动机模块的反向输入端，控制电动机的反向转动速度。

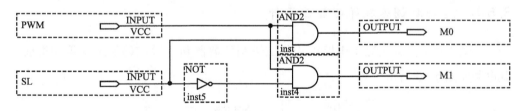

图 6-56 电动机正反转控制电路

6.5.4 频率计设计

频率计由分配器、测频时序控制器、十进制计数器、寄存器等模块组成，其电路如图 6-57 所示，具体设计过程参考 6.1 节。

控制计数器进行计数的使能信号的脉宽为 1s，则 CO 的输入频率为 8Hz，此频率通过 FPGA 内的锁相环和计数器获得。外部时钟频率 CLK 为 20MHz，通过锁相环输出的时钟频率为 4096Hz，通过 9 位二进制计数器 cout 脚输出 8Hz 信号，作为测频时序控制器 CO 的输入频率信号。

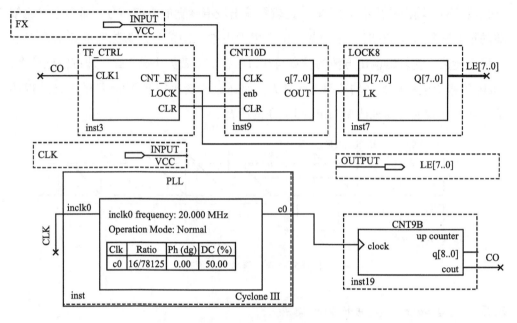

图 6-57　频率计电路

对于测定电动机转速极低的（每秒转速小于 1）情况，就不能使用这种频率计。因为此类频率计的缺点是，所测信号的频率越低，则测量精度越低，且根本无法测量小于 1Hz 的信号频率。

6.5.5　电动机调速及译码显示设计

电动机调速及译码显示电路由 4 位二进制计数器和 7 段数码显示译码器组成，其电路如图 6-58 所示。

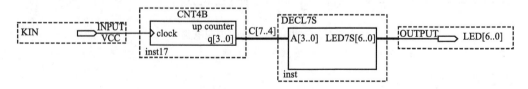

图 6-58　电动机调速及显示电路

4 位二进制计数器 CNT4B 的输出端与 PWM 信号发生器比较器的 dataa 端的高 4 位相连，通过按键 KIN 使进入比较器 dataa 端的常数 C 发生改变，从而实现电动机速度的调节。

7 段数码显示译码器 DECL7S 可以控制显示 7 段共阴极数码管的十六进制码，采用 Verilog HDL 语言进行设计，其 case 语句程序如图 6-59 所示。

```
module DECL7S (A, LED7S);
    input [3:0]A;
    output [6:0]LED7S;
    reg [6:0] LED7S;
    always @(A)
    case (A)
    4'B0000: LED7S <= 7'B0111111;
    4'B0001: LED7S <= 7'B0000110;
    4'B0010: LED7S <= 7'B1011011;
    4'B0011: LED7S <= 7'B1001111;
    4'B0100: LED7S <= 7'B1100110;
    4'B0101: LED7S <= 7'B1101101;
    4'B0110: LED7S <= 7'B1111101;
    4'B0111: LED7S <= 7'B0000111;
    4'B1000: LED7S <= 7'B1111111;
    4'B1001: LED7S <= 7'B1101111;
    4'B1010: LED7S <= 7'B1110011;
    4'B1011: LED7S <= 7'B1111100;
    4'B1100: LED7S <= 7'B0111001;
    4'B1101: LED7S <= 7'B1011110;
    4'B1110: LED7S <= 7'B1111001;
    4'B1111: LED7S <= 7'B1110001;
    default: LED7S <= 7'B0000000;
    endcase;
endmodule;
```

图 6-59　7 段数码显示译码器的 case 语句描述

6.5.6　消抖动模块设计

在电路设计中，消抖动设计是十分重要的功能模块设计。除了利用 RS 触发器去除机械电子抖动和使用状态机进行消抖动电路设计外，还有许多其他类型的电路可用于消除信号的毛刺，比如通过对脉冲前后沿的毛刺进行计数比较的方法。采用计数比较法进行消抖动电路设计，其真值表所对应的 case 语句程序如图 6-60 所示。

```
module ERZP (CLK, KIN,KOUT);
    input   CLK, KIN;
    output  KOUT;      reg KOUT;
    reg [4:0] KH,KL;
    always @(posedge CLK) begin
        if (!KIN) KL<=KL+1 ;
            else KL<=5'b00000;    end
    always @(posedge CLK) begin
        if (KIN) KH<= KH+1;
            else KH<=5'b00000;   end
    always @(posedge CLK) begin
        if (KH > 5'b11001) KOUT<=1'B1;
            else if (KL> 5'b11001)
KOUT<=1'B0;
    end    endmodule
```

图 6-60　消抖动模块的 case 语句描述

在电路设计中需要注意消抖动电路的工作时钟频率的选择。这要对信号毛刺的脉宽和频率有一个大概的估计，并由此确定工作时钟频率的确切范围。本实验中锁相环输出两个时钟信号,为红外传感器和机械按键提供工作时钟频率,其时钟频率分别为 1MHz 和 4096Hz,分频器电路如图 6-61 所示。

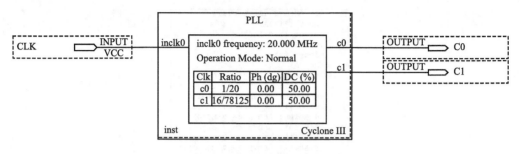

图 6-61　分频器电路

6.5.7　实验内容

(1) 根据以上的讨论和直流电动机控制系统电路模块图,设计出对直流电动机的控制电路,要求电路能实现 16 级调速功能。此外,电动机的转速能在数码管上实时显示。

(2) 增加逻辑空载模块,用测到的转速数据控制输出的 PWM 信号,实现直流电动机的闭环控制,要求电路在尽可能短的时间内跟踪上所设置的转速,以及当电动机负载变化时能较好地稳定转速,键盘输入的预置转速也能在数码管上进行显示。

(3) 对上述直流电动机闭环控制系统进行功能扩展,增加串行静态显示电路;使电动机的转速能在串行静态显示模块上实时显示。

(4) 查阅相关资料,了解工业直流电动机转速控制方式,利用以上原理实现直流电动机的测速和闭环控制。

SBL 型数字系统实验仪简介

SBL 型数字系统实验仪是杭州电子科技大学电工电子实验中心与上海宝徕科技开发有限公司共同研制开发的一种新型的多功能数字电路实验仪,该实验仪设计的出发点是基于学生的自主实验,旨在培养学生分析问题、解决问题能力。该实验仪不仅可以完成基础性实验,设计性实验,还可以完成综合性实验。通过实验,学生可以掌握中、小规模数字集成芯片的应用、开发能力,进而培养学生的工程设计开发能力。

A.1 实验仪说明

SBL 型数字系统实验仪的操作面板图如图 A-1 所示。

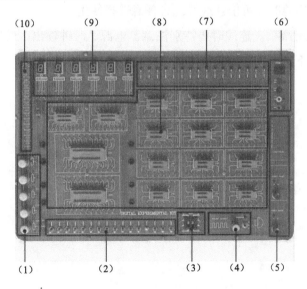

图 A-1　SBL 型数字系统实验仪的操作面板图

实验仪操作面板说明如下:

(1) 电位器选择区:提供 4.7k、10k、47k、100k 电位器。

(2) 逻辑输入区:提供 16 个逻辑开关。

(3) 8421BCD 码输入区:2 组 BCD 码按键,实现码组转换。

（4）频率可变脉冲信号源：提供连续可调时钟信号。

（5）信号输入区：2个触发点脉冲按钮，7个固定时钟信号（1Hz、2Hz、4Hz、8Hz、500Hz、1kHz、32kHz）。

（6）电源区：提供 +5V， +12V， -12V 三组直流稳压电源，作为芯片工作电压输入。

（7）LED 输出显示区：16个发光二极管。

（8）芯片放置区：6个14脚 IC 底座，6个16脚 IC 底座，用以摆放常用的74系列芯片，2个20脚 IC 底座，2个40脚 IC 底座，用以摆放 GAL、单片机等芯片。

（9）BCD 数码显示区：6个数码管，并带译码器以方便学生观察十进制数的输出。

（10）电阻电容区：若干电阻与电容，完成一些数模混合实验。

A.2 使用注意事项

（1）接地问题。本实验仪凡标有"GND"的插座均为公共参考端——地线，其内部已经连通。实验时，可依连线情况，任意选择使用。

（2）连线注意事项。连线时要特别注意，电源、时钟输出、逻辑开关输入各自之间或相互之间不能有短路现象，否则将损坏设备。

示波器使用简介

　　示波器是一种能把随时间变化的电信号变化过程用图像显示出来的电子仪器。可用它观察电压（或转换成电压的电流）的波形，测量电压幅度、频率和相位等，是电路实验中必备的电子测量仪器。

B.1　双踪示波器 CS-4125/CS-4135 简介

　　CS-4125 是一种便携式通用示波器，具有带宽 20MHz、双通道、双踪、垂直轴信号同步功能、垂直轴高电压输入 800V 峰 – 峰值以及全新的 FIX 功能。

B.1.1　CS-4125 的主要特点

　　（1）频率范围广：在 1mV 及 2mV/档位，频宽为 DC ~ 5MHz(– 3dB)，由 5mV/div 起各挡位频宽为 DC ~ 20MHz(– 3dB)。

　　（2）灵敏度高：连续切换式衰减器的垂直感度可达 1mV/div，即 1mV/格。

　　（3）高精度：垂直轴感度和扫描时间的精度在±3％以内。

　　（4）高速扫描：可执行时间轴为 20nS 的高速扫描。

　　（5）波形自动锁定功能：同步器可自动锁定所测波形。

　　（6）垂直轴方式触发：当 CH1 与 CH2 输入信号频率不同时，两个通道可获得稳定波形。

B.1.2　CS-4125 的主要技术指标

　　CS-4125 型双踪示波器的主要技术指标如表 B-1 所示。

表 B-1　CS-4125 型双踪示波器的主要技术指标

项目	CS-4125	CS-4135
显示面积	$8 * 10\text{div}(1\text{div} = 10\text{mm})$	
灵敏度	$1\text{mV} \sim 2\text{mV/div} + 5\%$，$5\text{mV} \sim 5\text{V/div} + 3\%$	
衰减器	1-2-5 级数，12 档，附微调功能	
输入阻抗	$1\text{M} \pm 2\%$，约 22pF	$1\text{M} \pm 2\%$，约 23pF
CHOP 频率	约 150kHz	

（续）

项目	CS-4125	CS-4135
极性反转	仅 CH2	
最大输入电压	$800V_{p-p}$ 或 $400V(DC + AC\ peak)$	
灵敏度	与垂直轴（CH2）相同	
输入阻抗	与垂直轴（CH2）相同	
动作方式	以 X – Y 开关选择 X – Y 动作 CH1：Y 轴　　CH2：X 轴	
最大输入电压	与垂直轴（CH2）相同	
EXT	外部触发信号	
外部触发 输入阻抗 最大输入电压	约1M，约22pF $800V_{p-p}$ 或 $400V(DC + AC\ peak)$	
波形	正极性方波	
电压	$1V_{p-p} \pm 3\%$	
频率	约1kHz	

B.1.3　CS-4125 控制键说明

CS-4125A 型双踪示波器的前面板图如图 B-1 所示。前面板图中对应的号码的各开关、旋钮等器件的名称和功能介绍如下。

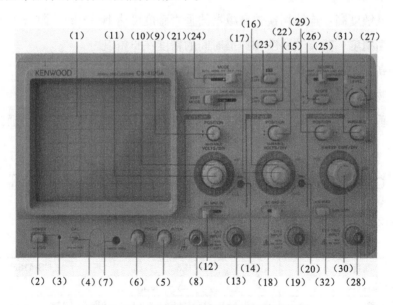

图 B-1　CS-4125A 型双踪示波器的前面板图

（1）阴极射线管 CRT：显示范围为垂直轴 80mm，水平轴 100mm。

（2）电源键：按下为开启电源。

（3）电源指示灯：当电源开启时指示灯点亮。

（4）校准信号（CAL 端子）：校正用电压端子，调整探针，可得到 1VP – P 正极性，约 1kHz 的方波信号。

（5）亮度旋钮（INTENSITY）：调整显示亮线的亮度。

（6）焦点调整旋钮（FOCUS）：调整显示信号的清晰度。

（7）轨迹旋转旋钮（TRACE ROTA）：调整水平亮线的倾角。

（8）GND 端子：接地端子，与其他仪器间取得相同的接地时用。

（9）POSITION 旋钮：可用于调整荧幕上 CH1 波形之垂直位置，在 $X – Y$ 动作时可调整 Y 轴位置。

（10）VOLTS/DIV 旋钮：设定 CH1 垂直轴衰减度，可在 1-2-5 级数间切换，将 VARIABLE 旋钮至 CAL 位置时，可得到校正的垂直轴感度。

（11）VARIABLE 旋钮：微调整 CH1 垂直轴衰减度，向右旋至 CAL 位置时得到已校正值。

（12）AC-GND-DC 端子：可以选择 CH1 垂直轴输入信号的组合方式。

（13）CH1 INPUT 端子：CH1 垂直轴的输入端子，在 $X – Y$ 动作时为 Y 轴的输入端子。

（14）BAL 平衡电位器：当 Y 轴放大器输入级电路出现不平衡时，显示的亮线将随 VOLTS/DIV 转动而出现上下移动，调整平衡电位器，可将位移调至最小。

（15）POSITION 旋钮：可用于调整荧幕上 CH2 波形之垂直位置。

（16）VOLTS/DIV 旋钮：设定 CH2 垂直轴衰减度，可在 1-2-5 级数间切换，将 VARIABLE 旋钮至 CAL 位置时，可得到校正的垂直轴感度。

（17）VARIABLE 旋钮：微调整 CH2 垂直轴衰减度，向右旋至 CAL 位置时可得到已校正值。

（18）AC-GND-DC 端子：可以选择 CH2 垂直轴输入信号的组合方式。

（19）CH2 INPUT 端子：CH2 垂直轴的输入端子，在 $X – Y$ 动作时为 Y 轴的输入端子。

（20）BAL 平衡电位器：当 Y 轴放大器输入级电路出现不平衡时，显示的亮线将随 VOLTS/DIV 转动而出现上下移动，调整平衡电位器，可将位移调至最小。

（21）VERTICAL MODE 可用以选择垂直轴的作用方式如下：

1）CH1：显示 CH1 的输入信号；

2）CH2：显示 CH2 的输入信号；

3）ALT：每次扫描交替显示 CH1 及 CH2 的输入信号，适合于需要使用较快时基设置的高频率信号的显示；

4）CHOP：与 CH1 及 CH2 输入信号频率无关，而以 150kHz 在两频道间切换显示，适合于在低时基速率下低频率信号的显示；

5）ADD：显示 CH1 与 CH2 输入信号的合成波形，但在 CH2 设定为 INV 状态下时，则显示 CH1 与 CH2 输入信号的差。

（22）CH2 INV 按钮：按下此钮时，CH2 输入信号极性被反相。

（23）$X-Y$ 按钮：按下此钮时，则 VERTICAL MODE 的设定变为无效，而将 CH1 变为 Y 轴 CH2 变为 X 轴的 $X-Y$ 示波器。

（24）TRIGGERING MODE：可用于选择 TRIGGER 的方式如下：

1）AUTO：由 TRIGGER 信号启动扫描，若无 TRIGGER 信号时则显示 Free run 亮线；

2）NORM：由 TRIGGER 信号启动扫描，但与 AUTO 不同的是，若无正确的 TRIGGER 信号则不会显示亮线；

3）FIX：将同步 LEVEL 加以固定；

4）TV-FRAME：将复合映象信号的垂直同步脉冲分离出来与 TRIGGER 电路结合；

5）TV-LINE：将复合映象信号的水平同步脉冲分离出来与 TRIGGER 电路结合。

（25）SOURCE 端子用以选择 TRIGGER 信号的来源：

1）CH1：TRIGGER 信号源为 CH1 的输入信号；

2）CH2：TRIGGER 信号源为 CH2 的输入信号；

3）LINE：TRIGGER 商用电源的电压波形；

4）EXT：TRIGGER EXT. TRIG 端子的输入信号。

（26）SLOPE 按钮：选择触发扫描信号 SLOPE 极性，未按下此钮时，TRIGGER 信号上升时被触发；按下此钮时，TRIGGER 信号下降时被触发。

（27）LEVEL 旋钮：用于设定在 TRIGGER 信号波形 SLOPE 的那一点上被触发而开始进行扫描。

（28）EXT. TRIG：外部 TRIGGER 信号的输入端子，将 SOURCE 端子设定于 EXT 时，此端子即成为 TRIGGER 信号的输入端子。

（29）POSITION 旋钮：可用于调整所显示波形的水平位置，在 $X-Y$ 动作时可调整 X 轴位置。

（30）SWEEP TIME/DIV 旋钮：扫描时间的切换器，可在 0.2us～0.5s 之间以 1-2-5 级数调整，当 VARIABLE 向右旋至 CAL 位置时则成为校正的指示值。

（31）VARIABLE 旋钮：扫描时间的微调器，可在 SWEEP TIME/DIV 的各段之间连续变化，向右旋至 CAL 位置时则成为校正的指示值。

（32）＊10MAG 按钮：按下即显示波形由荧幕中央向左右扩大 10 倍。

B.1.4 基本操作方法

为使双踪示波器 CS-4125/CS-4135 能经常保持良好的使用状态，打开电源开关前先检查电源线及各相应的控制键，设定各个控制键如表 B-2 所示。

表 B-2 CS-4125/CS-4135 型示波器控制键设置方法

控制键	预设位置	控制键	预设位置
MODE	AUTO	VERTICAL VARIABLE	CAL
SOURCE	VERT	VOLTS /DIV	5V/div
VERT MODE	CH1（CH2 INVERT 为 OFF）	AC-GND-DC	GND
SLOPE	+	POSITION	中央
TRIGGER LAVEL	中央	HORIZONTRAL VARIABLE	CAL
CH1 or Y 及 CH2 or X		SWEEP TIME/DIV	0.2ms/div
POSITION	中央	＊10MAG	弹出
INTEN	适中	X～Y	弹出

在确认电源的电压无误后开启电源，此时，电源指示灯亮，10～15 秒后将显示亮线，将 INTEN 向右旋调亮，再向左旋调暗，确认其正常作用，再调整 INTEN 使亮线亮度适中，调 FOCUS 使亮线最清晰，调 TRACE ROTA 以使亮线与水平刻度保持平行。确认完成后将 INTEN 向逆时针旋至底使亮线消失进行预热。为使所测得数值正确，预热时间至少应在 30 分钟之上。若仅为显示波形，则不必进行预热。一般情况下，应将各微调旋钮顺时针旋到底至 CAL 位置。

B.2 数字示波器 DS1022 使用说明

数字示波器 DS1022 是 DS1000 系列示波器的一种，除易于使用之外，还具有更快完成测量任务所需的高性能指标和强大功能。

B.2.1 主要特点

数字示波器 DS1022 的主要特点如下所示：

1）双模拟通道，每通道带宽 100M。

2）十六个数字通道，可独立接通或关闭通道，或以 8 个为一组接通或关闭（混合信号示波器）。

3）高清晰彩色/单色液晶显示系统，320×234 分辨率。

4）支持即插即用 USB 存储设备和打印机，并可通过 USB 存储设备进行软件升级。

5）可以调节模拟通道的波形亮度，进行自动波形、状态设置。

6）自动测量 20 种波形参数。

B.2.2 性能指标

DS1022 数字示波器的主要技术指标如表 B-3 所示。

表 B-3 DS1022 数字示波器的主要技术指标

输入阻抗	1M±2%，与 13pF±3pF
输入耦合	直流、交流或接地（DC、AC、GND）
扫描范围	20ns/div～50s/div 1-2-5 进制
模拟数字转换器	8 比特分辨率，两个通道同时采样
灵敏度	2mV/div～5V/div
模拟带宽	100M
触发灵敏度	0.1div～1.0div，用户可调节
边沿触发	上升、下降、上升 & 下降
脉宽触发	（大于、小于、等于）正脉宽，（大于、小于、等于）负脉宽 20ns～10s
交替触发	边沿、脉宽触发

B.2.3 按键说明

DS1022 数字示波器的按键说明如下所示。

DS1022 数字示波器的前面板如图 B-2 所示。前面板中对应的号码的各开关、旋钮等器件的名称和功能介绍如下：

（1）USB host 接口；

（2）数字信号输入；

（3）模拟信号输入；

（4）外触发输入；

（5）探头补偿信号输出；

（6）垂直控制；

（7）水平控制；

（8）触发控制；

（9）运行控制；

（10）常用菜单；

（11）多功能旋钮。

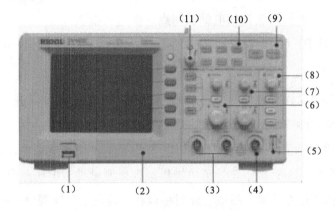

图 B-2 DS1022 数字示波器的前面板

DS1022 数字示波器的后面板如图 B-3 所示。前面板中对应的号码的各开关、旋钮等器件的名称和功能介绍如下：

（1）具有光电隔离的通过/失败检测输出端。

（2）RS—232 通信端口。

（3）USB DEVICE 端口。

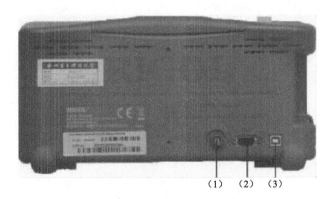

图 B-3 DS1022 数字示波器的后面板

B.2.4 基本操作

DS1022 数字示波器的基本操作方法（以测量简单信号为例）如下所示：

观测电路中一未知信号，迅速显示和测量信号的频率和峰－峰值。

1. 显示信号

欲迅速显示该信号，请按如下步骤操作：

（1）将探头菜单衰减系数设定为 10×，并将探头上的开关设定为 10×。

（2）将通道 1 的探头连接到电脑被测点。

（3）按下 AUTO（自动设置）按钮。

2. 自动测量

示波器将自动设置使波形显示达到最佳。在此基础上，可以进一步调节垂直、水平档位，直至波形的显示符合要求。

（1）测量峰－峰值——按下 MEASURE 按钮显示自动测量菜单；按下 1 号菜单操作键选择信号源 CH1；按下 2 号菜单操作键选择测量类型电压测量；在电压测量弹出菜单中选择测量参数峰－峰值；此时可以在屏幕左下角发现峰－峰值的显示。

（2）测量频率——按下 3 号菜单操作键选择测量类型时间测量；在时间测量弹出菜单中选择测量参数频率；此时，可以在屏幕下方发现频率的显示。

值得注意的是，测量结果在屏幕上的显示会因为被测信号的变化而变化。

MODEL 500HA 万用电表使用说明

C.1 用途

500HA 型万用电表是一种高灵敏度、多量限的携带式整流系仪表。该仪表面板如图 C-1 所示。该仪表共具有 23 个测量量限，能分别测量交（直）流电压、交（直）流电流、直流电阻及音频电平，适宜于无线电、电信及电工事业单位作一般测量之用。仪表适合在周围气温为 0 ~ +40 ℃，相对湿度在 25% ~ 80% 环境中工作。

C.2 性能

该仪表的测量范围及准确度等级如表 C-1 所示。

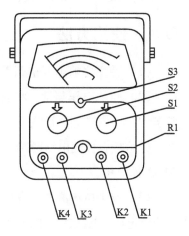

图 C-1　MODEL 500HA 万用电表面板图示

表 C-1　MODEL 500HA 万用电表的准确度

测量范围		灵敏度或电压降	准确度等级	基本误差表示法
直流电压	0 ~ 2.5 ~ 10 ~ 50 ~ 250 ~ 500V	20000Ω/V	2.5	以标度尺工作部分上量限的百分数表示之
	2500V	4000Ω/V	5.0	
交流电压	0 ~ 10 ~ 50 ~ 250 ~ 500V	4000Ω/V	5.0	
	2500V	4000Ω/V	5.0	
直流电流	0 ~ 50μA ~ 1mA ~ 10mA ~ 100mA ~ 500mA	≤0.75V	2.5	
	5A	0.3V		
交流电流	5A	≤1V	5.0	
电阻	0 ~ 2kΩ ~ 20kΩ ~ 200kΩ ~ 2MΩ ~ 20MΩ		2.5	以标度尺工作部分长度的百分数表示之
音频电平	-10 ~ +22dB			

C.3　结构特点

（1）500HA 型万用电表外壳采用酚醛压塑粉压制，具有良好的机械强度与电气绝缘性能。

（2）仪表设有密封装置，以减少外界灰尘及有害气体对仪表内部侵蚀。

（3）仪表的标度盘宽阔，指针端部呈刀形，故能清楚地指示被测量值。

（4）电池盒设在仪表的背面并与仪表内部隔离，更换电池方便。

（5）仪表的外形尺寸为 178mm × 173mm × 84mm，重量为 2kg。

C.4　使用方法

（1）使用之前须调整调零器 S3 使指针准确的指示在标度尺的零位上。

（2）直流电压测量。将测试杆短杆分别插在插口 K1 和 K2 内，转换开关旋钮 S1 至 "v̲" 位置上，开关旋钮 S2 至所欲测量直流电压的相应量限位置上，再将测试杆长杆跨接在被测电路两端，读数见 "≈" 度。测量 2500V 时将测试杆短杆插在 K1 和 K4 插口中。

（3）交流电压测量。将开关旋钮 S1 旋至 "v̲" 位置上，开关旋钮 S2 旋至所欲测量交流电压值相应的量限位置上，测量方法与直流电压测量相似。50V 及 50V 以上各量限的指示值见 "≈" 刻度，10V 量限见 "10 v̲" 专用刻度。测量 2500V 时将测试杆短杆插在 K1 和 K4 插口中。由于整流系仪表的指示值是交流电压的平均值，仪表指示值是按正弦波形交流电压的有效值校正，对被测交流电压的波形失真应在任意瞬时值与基本正弦波上相应的瞬时值间的差别不超过基本波形振幅的 ±1%，当被测电压为非正弦波时，例如测量铁磁饱和稳压器的输出电压，仪表的指示值将因波形失真而引起误差。

（4）直流电流测量。将开关旋钮 S2 旋至 "A̲" 位置上，开关旋钮 S1 旋到需要测量直流电流值相应的量限位置上，然后将测试杆串接在被测电路中，就可量出被测电路中的直流电流值。指示值见 "≈" 刻度。测量 5A 时将测试杆短杆插在 K1 和 K3 插口中。测量过程中仪表与电路的接触应保持良好。

（5）交流电流测量。将开关旋钮 S2 旋至 "5 A̲" 位置上，开关旋钮 S1 可以旋至任意位置，测试杆短杆插在 K1 和 K3 插口中，然后将测试杆长杆串接在被测电路中，就可以量出被测电路中的交流电流值，指示值见 "≈" 刻度。

（6）电阻测量。将开关旋钮 S2 旋到 "Ω" 位置上，开关旋钮 S1 旋到 "Ω" 量限内，先将两测试杆短路，使指针向满度偏转，然后调节电位器 R1 使指针指示在欧姆标度尺"0Ω"位置上，再将测试杆分开进行测量未知电阻的阻值。指示值见"Ω"刻度。为了提高测试精度，指针所指示被测电阻之值应尽可能指示在刻度中间一段，即全刻度起始的25%～75%弧度范围内。在Ω×1、Ω×10、Ω×100、Ω×1kΩ量限所有用直流工作电源系1.5V二号电池一节，Ω×10kΩ量限所用直流工作电源系9V层叠电池一节，它们在工作时的端电压应符合表C-2给定的数值。

表　C-2　　　　　　　　　　　　　　　　（单位：V）

电池标称电压	工作时端电压范围
1.5	1.35～1.65
9.0	8.1～9.9

当短路测试杆调节电位器R1不能使指针指示到欧姆零位时，表示电池电压不足，应立刻更换新电池，以防止因电池腐蚀而影响其他零件。更换新电池时，应注意电池极性，并与电池夹保持接触良好。仪表长期搁置不用时，应将电池取出。

（7）音频电平测量。测量方法与测量交流电压相似，将转换开关旋钮S1、S2分别放在"∀"和相应的交流电压量限位置上。音频电平刻度系根据0dB=1mW，600Ω输送标准而设计。标度尺指示值系从－10～+22dB，当被测之量大于+22dB时，应在50∀或250∀量程进行测量，指示值应按表C-3所示数值进行修正。

表　C-3

量限	按电平刻度增加值	电平的范围
50 ∀	14	+4～+36dB
250 ∀	28	+18～+50dB

音频电平与电压、功率的关系为下式所示：

$$dB = 10\log_{10}P_2/P_1 = 20\log_{10}V_2/V_1$$

式中　P_1——在600Ω负荷阻抗上0dB的标称功率等于1mW；

　　　V_1——在600Ω负荷阻抗上消耗功率为1mW时的相应电压即

$$V_1 = \sqrt{PZ} = \sqrt{0.001\times600}V = 0.775V；$$

　　　P_2——被测功率；

　　　V_2——被测电压。

指示值见"dB"刻度。

C.5　注意事项

为了获得良好测量效果并防止由于使用不慎而损坏仪表，在使用仪表时，应遵守下列规则：

（1）在测试时，不能旋转仪表开关旋钮。

（2）当不能确定被测量大约数值时，应将量程转换开关旋到最大量限的位置上，然后再选择适当的量限，使指针得到最大的偏转。

（3）测量直流电流时，仪表应与被测电表串联，禁止将仪表直接跨接在被测电路的电压两端，以防止仪表过负荷而损坏。

（4）测量电路中的电阻阻值时，应将被测电路的电源切断，如果电路中有电容器，应先将其放电后才能测量。切勿在电路带电情况下测量电阻。

（5）为了确保安全，测量交直流2500V量限时，应将测试杆一端固定接在电路地电位上，将测试杆的另一端去接触被测高压电源，测试过程中应严格执行高压操作规程，双手必须戴高压绝缘橡胶手套，地板上应铺置高压绝缘橡胶板，测试时应谨慎从事。

（6）仪表应经常保持清洁和干燥，以免影响准确度和损坏仪表。

C.6 产品成套性

（1）测试杆　　　　　一副

（2）1.5V二号电池　　一节

（3）9V层叠电池　　　一节

（4）产品使用说明书　　一份

（5）产品合格证明书　　一份

常用数字集成电路引脚
排列及逻辑符号

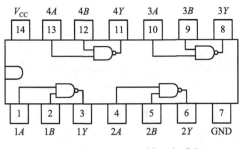

图 D-1   74LS00 四-2 输入与非门

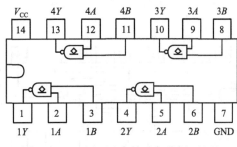

图 D-2   74LS01 四-2 输入与非门（OC)

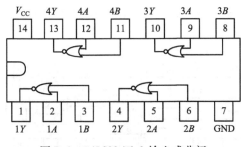

图 D-3   74LS02 四-2 输入或非门

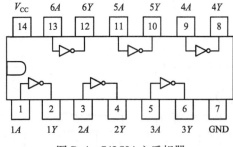

图 D-4   74LS04 六反相器

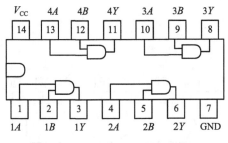

图 D-5   74LS08 四-2 输入与门

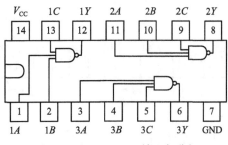

图 D-6   74LS10 三-3 输入与非门

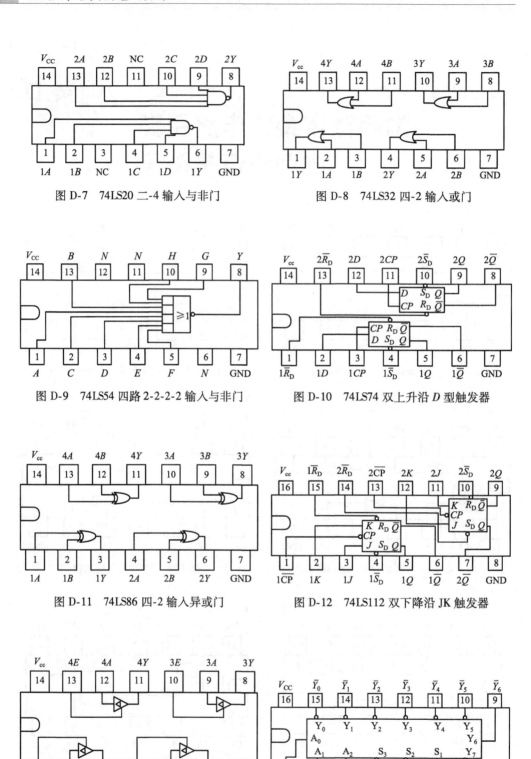

图 D-7　74LS20 二-4 输入与非门

图 D-8　74LS32 四-2 输入或门

图 D-9　74LS54 四路 2-2-2-2 输入与非门

图 D-10　74LS74 双上升沿 D 型触发器

图 D-11　74LS86 四-2 输入异或门

图 D-12　74LS112 双下降沿 JK 触发器

图 D-13　74LS126 四总线缓冲器

图 D-14　74LS138 3 线-8 线译码器

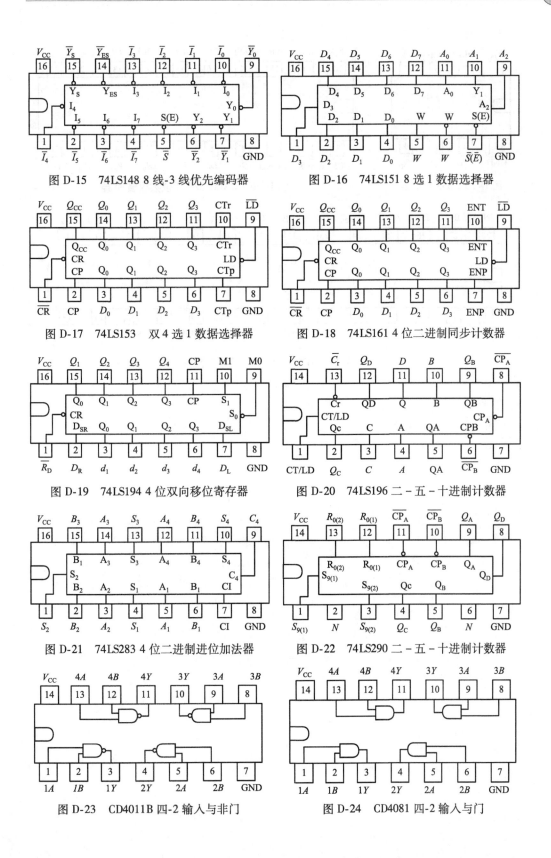

图 D-15　74LS148 8 线-3 线优先编码器

图 D-16　74LS151 8 选 1 数据选择器

图 D-17　74LS153 双 4 选 1 数据选择器

图 D-18　74LS161 4 位二进制同步计数器

图 D-19　74LS194 4 位双向移位寄存器

图 D-20　74LS196 二 – 五 – 十进制计数器

图 D-21　74LS283 4 位二进制进位加法器

图 D-22　74LS290 二 – 五 – 十进制计数器

图 D-23　CD4011B 四-2 输入与非门

图 D-24　CD4081 四-2 输入与门

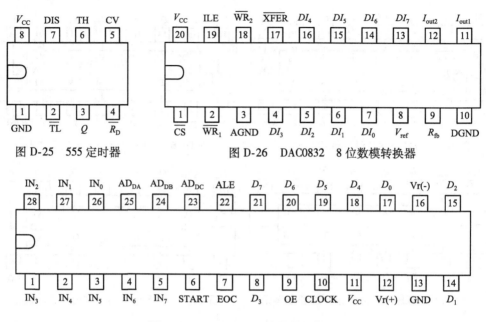

图 D-25　555 定时器　　　　图 D-26　DAC0832　8 位数模转换器

图 D-27　ADC0809　8 位模数转换器

常用文字及图形符号说明

E.1 电压、电流符号

V_I	输入电平（相对于电路公共参考点的电压）	V_{IH}	输入高电平
V_{IL}	输入低电平	V_{OH}	输出高电平
V_O	输出电平（相对于电路参考点的电压）	V_{OL}	输出低电平
V_T	温度电压当量	u_{BE}	晶体管基极相对于发射极的电压
V_{CC}	电源电压（一般用于双极型半导体器件）	u_{CE}	晶体管集电极相对于发射极的电压
V_{DD}	电源电压（一般用于 MOS 器件）	u_{DS}	MOS 管漏极相对于源极的电压
V_{NA}	脉冲噪声电压幅值	u_{GS}	MOS 管栅极相对于源极的电压
V_{NH}	输入高电平噪声容限	V_{TH}	门电路的阈值电压
V_{NL}	输入低电平噪声容限	V_{T+}	施密特触发特性的正向阈值电压
V_{REF}	参考电压（或基准电压）	V_{T-}	施密特触发特性的负向阈值电压
$V_{GS(th)P}$	P 沟道 MOS 管的开启电压	$V_{GS(th)N}$	N 沟道 MOS 管的开启电压
$i_B(I_B)$	基极电流瞬时值（直流量）	I_{IH}	高电平输入电流
$i_C(I_C)$	集电极电流瞬时值（直流量）	I_{IL}	低电平输入电流
$i_D(I_D)$	漏极电流瞬时值（直流量）	$i(I_L)$	负载电流瞬时值（直流量）
i_I	输入电流	i_O	输出电流
I_{OH}	高电平输出电流	I_{CCH}	输出为高电平时的电源电流
I_{OL}	低电平输出电流	I_{CCL}	输出为低电平时的电源电流
$I_{CC(avg)}$	电源（V_{CC}）平均电流	$I_{DD(avg)}$	电源（V_{DD}）平均电流

E.2 功率符号

P_C	COMS 电路负载电容充、放电功能	P_T	COMS 电路的瞬时导通功耗
P_D	COMS 电路的动态功耗	P_{TOT}	COMS 电路的总功耗
P_S	COMS 电路的静态功耗		

E.3 脉冲参数符号

f	周期性脉冲的重复频率	t_{re}	恢复时间
q	占空比	t_{set}	建立时间
t_f	下降时间	t_w	脉宽宽度
t_h	保持时间	V_m	脉冲幅度
t_r	上升时间		

E.4 电阻、电容符号

R_I	输入电阻	C_{GD}	MOS 管栅极与漏极间电容
R_L	负载电阻	C_{GS}	MOS 管栅极与源极间的电容
R_O	输出电阻	C_h	保持电容
R_{OFF}	器件截止时内阻	C_I	输入电容
R_{ON}	器件导通时内阻	C_L	负载电容
R_U	上拉电阻		

E.5 器件参数及其他符号

A	放大器	S	开关
G	门	TG	传输门
EN	允许（使能）	CLK	时钟
H	十六进制	CP	时钟脉冲
OE	输出允许（使能）	D	十进制
A_u	放大器的电压放大倍数	VT	三极管
VD	二极管	VT_N	N 沟道 MOS 管
FF	触发器	VT_P	P 沟道 MOS 管
t_{pHL}	输出由高电平变为低电平时的传输延迟时间	$t_{pd(avg)}$	平均传输延迟时间
t_{pLH}	输出由低电平变为高电平时的传输延迟时间	B	二进制

E.6 常用逻辑门电路图形对照表

名称	国标符号	国际流行符号	名称	国标符号	国际流行符号
与门			或非门		
或门			与或非门		
非门			异或门		
与非门			同或门		

（续）

名称	国标符号	国际流行符号	名称	国标符号	国际流行符号
OC/OD 与非门			带施密特触发特性的与非门		
三态输出的非门			CMOS 传输门		
三态输出的与非门					

E.7 部分电气图用图形符号

名称	符号	名称	符号	名称	符号
灯		导线		电池	
电压表		接地		二极管	
传声器		接机壳		稳压二极管	
扬声器		连接的导线		运算放大器	
晶体管		熔断器		线圈绕组	
直流电动机		变压器		铁心变压器	
直流发电机		电容器		电阻器	
开关		隧道二极管			

E.8　部分电路元件的图形符号

名称	符号	名称	符号	名称	符号
独立电流源		理想导线		电容	
受控电流源		电位参考点		理想运放	
受控电压源		理想开关		电感	
非线性电阻		理想二极管		二端元件	
可变电阻		短路		回转器	
独立电压源		连接导线		理想变压器耦合电感	

便携式开发板资料

F. 1 KX-7C5E+主系统板

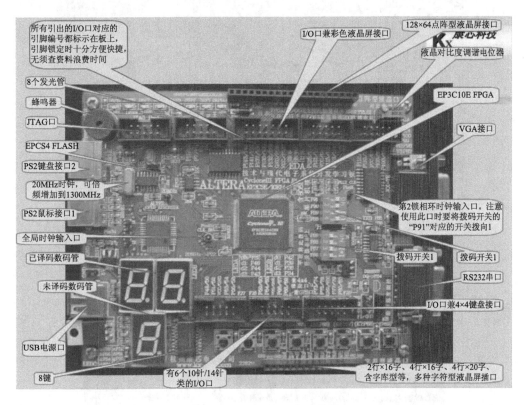

所有引出的I/O口对应的引脚编号都标示在板上,引脚锁定时十分方便快捷,无须查资料浪费时间

8个发光管

蜂鸣器

JTAG口

EPCS4 FLASH

PS2键盘接口2

20MHz时钟,可倍频增加到1300MHz

PS2鼠标接口1

全局时钟输入口

已译码数码管

未译码数码管

USB电源口

8键

有6个10针/14针类的I/O口

I/O口兼彩色液晶屏接口

128×64点阵型液晶屏接口

液晶对比度调谐电位器

EP3C10E FPGA

VGA接口

第2锁相环时钟输入口。注意使用此口要将拨码开关的"P91"对应的开关拨向1

拨码开关1

拨码开关1

RS232串口

I/O口兼4×4键盘接口

2行×16字、4行×16字、4行×20字、含字库型等,多种字符型液晶屏插口

图 F-1　KX-7C5E+主系统板

F.2　液晶显示屏

图 F-2　各类液晶显示屏

F.3　LED 点阵

图 F-3　LED 点阵

F.4 直流电动机和步进电动机

图 F-4 直流电动机和步进电动机

F.5 并行 A/D 和 D/A 模块

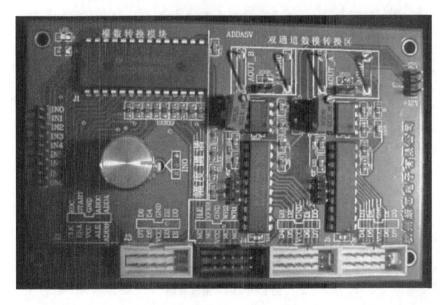

图 F-5 并行 A/D 和 D/A 模块

F.6　高速串行 A/D 和 D/A 模块

图 F-6　高速串行 A/D 和 D/A 模块

F.7　4×4 键盘模块

图 F-7　4×4 键盘模块

F.8 串行静态数码显示

图 F-8 串行静态数码显示模块

F.9 串行静态数码显示原理图

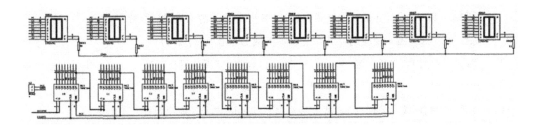

图 F-9 串行静态数码显示原理图

参 考 文 献

[1] 潘松，陈龙，黄继业 . 数字电子技术基础 [M].2 版 . 北京：科学出版社，2015.

[2] 潘松，黄继业，潘明 . EDA 技术实用教程 – Verilog HDL 版 [M].5 版 . 北京：科学出版社 . 2013.

[3] 张亚君，陈龙 . 数字电路与逻辑设计实验教程 [M]. 北京：机械工业出版社，2008.

[4] 龚之春 . 数字电路 [M]. 成都：电子科技大学出版社，2004.

[5] 王彩君，杨睿，周开邻 . 数字电路实验 [M]. 北京：国防工业出版社，2006.

[6] 邹其洪，黄智伟，高嵩，等 . 电工电子实验与计算机仿真 [M]. 北京：电子工业出版社，2005.

[7] 阎石 . 数字电子技术基础 [M].5 版 . 北京：高等教育出版社，2006.

[8] 吴厚航 . FPGA 设计实战演练（逻辑篇）[M]. 北京：清华大学出版社，2015.

[9] 陈金鹰 . FPGA 技术及应用 [M]. 北京：机械工业出版社，2015.

[10] 罗杰，谭力，刘文超，等 . Verilog HDL 与 FPGA 数字系统设计 [M]. 北京：机械工业出版社，2015.

[11] 杜勇 . 锁相环技术原理及 FPGA 实现 [M]. 北京：电子工业出版社，2016.

[12] 李莉，张磊，董秀则 . Altera FPGA 系统设计实用教程 [M]. 北京：清华大学出版社，2014.

[13] 牛小燕，李芸 . 数字系统课程设计指导教程 [M]. 北京：电子工业出版社，2016.

[14] 胡全连 . 数字电路与逻辑设计 [M]. 北京：机械工业出版社，2012.

[15] 唐磊，宋彩利，李润洲 . 数字电路设计及实现 [M]. 西安：西安电子科技大学出版社，2010.

[16] 陈忠平，高金定，高见芳 . 基于 QuartusII 的 FPGA/CPLD 设计与实践 [M]. 北京：电子工业出版社，2010.